# 零基础
# 学面点

张爱萍◎主编

图书在版编目（CIP）数据

零基础学面点 / 张爱萍主编 . -- 哈尔滨 : 黑龙江
科学技术出版社 , 2020.11

ISBN 978-7-5719-0726-6

Ⅰ . ①零… Ⅱ . ①张… Ⅲ . ①面食 – 制作 Ⅳ .
① TS213.2

中国版本图书馆 CIP 数据核字 (2020) 第 184428 号

零基础学面点
LING JICHU XUE MIANDIAN

| | | |
|---|---|---|
| 主　　编 | 张爱萍 | |
| 责任编辑 | 徐　洋 | |
| 封面设计 | 李　荣 | |
| 出　　版 | 黑龙江科学技术出版社 | |
| 地　　址 | 哈尔滨市南岗区公安街 70-2 号 | |
| 邮　　编 | 150007 | |
| 电　　话 | （0451）53642106 | |
| 传　　真 | （0451）53642143 | |
| 网　　址 | www.lkcbs.cn | |
| 发　　行 | 全国新华书店 | |
| 印　　刷 | 德富泰（唐山）印务有限公司 | |
| 开　　本 | 710mm×1000mm　　1/16 | |
| 印　　张 | 15 | |
| 字　　数 | 300 千字 | |
| 版　　次 | 2020 年 11 月第 1 版 | |
| 印　　次 | 2020 年 11 月第 1 次印刷 | |
| 书　　号 | ISBN 978-7-5719-0726-6 | |
| 定　　价 | 36.00 元 | |

# 目录
## Contents

# Chapter 1　轻松学做家常面点

# Chapter 2　百吃不厌的筋道面条

# Chapter 3　膨松柔软的包子·馒头·花卷

# Chapter 4 皮薄馅多的饺子·云吞·锅贴

# Chapter 5　人人都爱的酥·饼

# Chapter 6　香浓甜蜜的西式点心

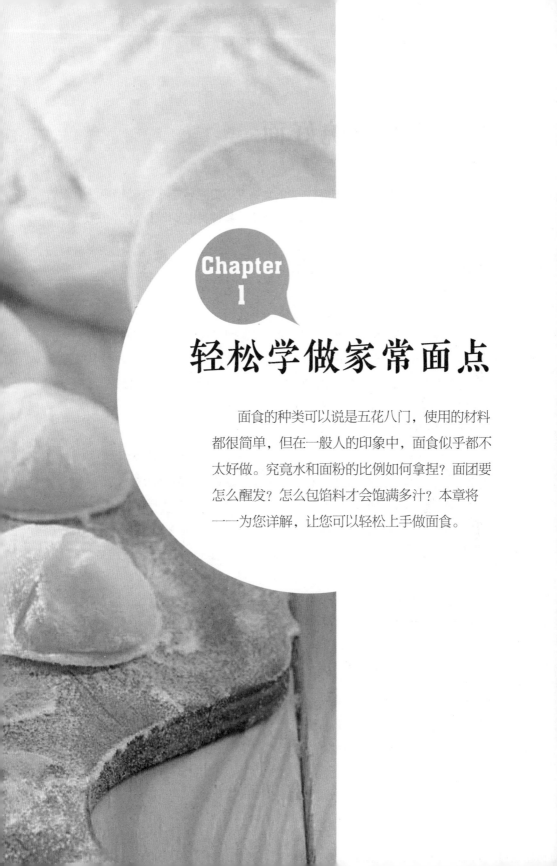

# Chapter 1

# 轻松学做家常面点

面食的种类可以说是五花八门，使用的材料都很简单，但在一般人的印象中，面食似乎都不太好做。究竟水和面粉的比例如何拿捏？面团要怎么醒发？怎么包馅料才会饱满多汁？本章将一一为您详解，让您可以轻松上手做面食。

# 教你煮出一碗好面

面条起源于中国，是一种非常古老的食物，历史源远流长，它制作起来并没有想象中的那么复杂，而且食用方便、营养丰富，其种类也多得让人数不胜数。

## 一碗好面，缺一不可的要素

**面条** 一碗好面，面条是根本。好面要有好面粉，还要有好工艺，面团历经用心的捶揉，筋道十足，才能成就洁白剔透、口感爽滑、面香醇厚、久煮不烂的好面。

**拌面酱** 赋予意面或中式拌面灵魂的是酱料，煮完的面条拌上事先烹饪好的酱料，一道完整的拌面才算全部完成。

**调料** 无论对于什么面来说，调味料都很重要，最常用的调料有酱油、芝麻油、醋、盐、胡椒粉等。

**配料** 对于一碗好面来说，香菜、蒜泥、葱花、辣椒等画龙点睛的配料也是不可或缺的，它们是面的最佳搭档。

**浇头** 对于各类面，四时节令去吃，面本身其实都一样，主要是浇头，许多都是汤就着浇头，配同一种面而已。

**汤头** 汤头是汤面的灵魂，好的高汤能够赋予汤面鲜美的味道。而好汤源于上等食材和独特的配方。一般来说，好汤头由猪骨、牛骨、鱼骨、老母鸡等食材经过长时间文火细细煨制，才炼成了好滋味。

# 自己动手，面条轻松做

## 手工面的做法

▶ **做法**

1. 将250克高筋面粉、低筋面粉倒在案板上，加3克盐。
2. 用刮板将面粉开窝。
3. 窝中打入鸡蛋。
4. 分数次加入适量清水，拌匀。
5. 将面粉揉搓成光滑的面团。
6. 用擀面杖将面团擀成面片。
7. 把面片对折，擀成面片，反复操作2~3次。
8. 将面片切成条。
9. 将面条抖散开，撒上适量面粉即可。

# 4个技巧让面条更美味

下面条最好的时间就是在水被烧开前两三分钟，将面条放进锅中煮。具体的做法就是在看到水面刚刚冒泡的时候，把面下锅。这样煮出来的面条筋道，而且时间非常好掌握，一般将水煮开两次，面也就熟了。

怎样使面条不粘连

平时我们在家里煮面条，煮完之后稍微放一会儿面条就会粘在一起。这里教给您一个让面条不粘连的办法：煮面之前在锅里加一些油，由于油漂浮在水面上，就好像给水加了一层盖子，水里的热气散不出去，水开得就快了，面条煮好以后漂在水面上的油就会挂在面条上，再怎么放也不会粘连了。另外，在煮挂面时，不要等水开了再下面条，可以在水温热时就把面下锅，这样面熟得就快了。

如何让面条变得更弹韧

如果在面条锅中加少量盐，煮出来的面条就不会糊烂。水与盐的比例大概为500毫升水加15克盐，面条煮熟出锅前再放入少量盐拌匀捞出，面条既弹韧又有味。

下面的时候水是滚烫的，稍煮后把面捞起来，立刻放进冷开水中浸泡，再制作成凉面或热干面等，面条有韧性、爽口，更易成型。

**面条走碱的补救**

市场上买来的生面条，如果遇上天气潮湿或闷热，极易走碱，煮熟后会有一股酸馊味，很难吃。如果发现面条已走碱，烹煮的时候可在锅中放入少许食用碱，煮熟后的面条就和未走碱时一样了。

**如何判断面条是否煮熟**

日常煮面，一般有两种方法来判断面条是否煮熟了。掌握好了这些方法，可以避免面条煮得太烂或者夹生。首先看颜色，面条没有煮熟的时候灰白，煮熟的时候是亮白的；有些面条煮熟以后颜色还会转为暗色或者偏黄。其次看白芯，夹断面条，断面有白芯则说明面条还没有煮熟。

# 发面的七大技巧

　　中式面点制作的一大重点就是发面。发面也是一道很讲究技巧的工序，下面就为您介绍发面的七大技巧。

## 选对发酵剂

发面用的发酵剂一般都用干酵母粉。酵母的发酵力是酵母质量的重要指标。在面团发酵时，酵母发酵力的高低对面团发酵的质量有很大影响。如果使用发酵力低的酵母发酵，将会引起面团发酵迟缓，容易造成面团涨润度不足，影响面团发酵的质量。所以要求一般酵母的发酵力在650克以上，活性干酵母的发酵力在600克以上。

## 面粉和水的比例要适当

面粉、水量的比例对发面很重要。那么什么比例合适呢？大致的比例是：500克面粉，用水量不能低于250毫升。当然，无论是做馒头还是蒸包子，你完全可以根据自己的需要和饮食习惯来调节面团的软硬程度。酵母在繁殖过程中，一定范围内，面团中含水量越高，酵母芽孢增长越快，反之则越慢。

## 调味料对面团发酵的影响

糖的使用量为5%～7%时产气能力大，超过这个范围，发酵能力会受影响。适当添加少许盐能缩短发酵时间，还能让成品更松软。添加少许醪糟，能协助发酵并增添成品香气。添加少许蜂蜜，可以加速发酵进程。

## 发酵粉的用量宜多不宜少

在面团发酵过程中，如果增加酵母的用量，可以加快面团发酵速度。反之，如果降低酵母的用量，面团发酵速度就会显著地减慢。对于面食新手来说，发酵粉宜多不宜少，以保证发面的成功率。

## 保证适宜的温湿度

发酵的最佳环境温度在30~35℃，湿度在70%~75%。温度太低或过高都会影响发酵速度；湿度低，不但影响发酵，而且影响成品质量。面团发酵用面粉本身的含水量（14%）加上搅拌时加的水（60%）。面团在发酵后温度会升高4~6℃。若面团温度略低，可适当增加酵母用量，以提高发酵速度。

## 面团要揉光滑

面粉与酵母、水拌匀后，要充分揉面，尽量让面粉与水充分结合。面团揉好的直观形象就是：面团表面光滑湿润。水量太少揉不动，水量太多会粘手。

## 和面的水温要掌握好

温度是影响酵母发酵的重要因素。酵母在面团发酵过程中一般控制在25~30℃。温度过低会影响发酵速度；温度过高，虽然可以缩短发酵时间，但会给杂菌生长创造有利条件，而影响产品质量。所以，和面的水温最好控制在25~28℃，可以用手背来测水温。

# 美味饺子窍门多

饺子营养比较全面，一种饺子馅中可以加入多种原料，轻松实现多种食物原料的搭配，比用多种原料炒菜方便得多。同时，如何擀饺子皮、包饺子也是有许多窍门的。

## 高压锅烹饪饺子的方法

**煮饺子：**在高压锅里加半锅水，置旺火上，水沸后，将饺子倒入（每次煮80个左右），用勺子搅转两圈，扣上锅盖（不扣限压阀），待蒸汽从阀孔喷放约半分钟后关火，直至不再喷汽时，开锅捞出即可。

**煎饺子：**把高压锅烧热以后，放入适量的油涂抹均匀，摆好饺子，过半分钟，再向锅内洒点水，然后盖上锅盖，扣上限压阀，再用文火烘烤5分钟左右，饺子就熟了。用此方法煎出来的饺子，比蒸的、煮的或用一般锅煎出来的饺子好吃。

## 和饺子面的窍门

在500克面粉里加入6个蛋清，使面里的蛋白质增加，包的饺子下锅后蛋白质会很快凝固收缩，饺子起锅后收水快，不易粘连。面要和得略硬一点儿，和好后放在盆里盖严密封10~15分钟，等面中的麦胶蛋白吸水膨胀，充分形成面筋后再包饺子。

## 煮饺子不粘连的方法

煮饺子时，如果在锅里放几段大葱，可使煮出的饺子不粘连。水烧开后加入少量盐，盐溶解后再下饺子，直到煮熟。这样，水开时不会外溢，饺子也不粘锅或连皮。

## 调饺子馅的窍门

包饺子常用的馅料有很多种，其中动物性来源有猪肉、牛肉、羊肉、鸡蛋和虾等；植物性来源有韭菜、白菜、芹菜、茴香和胡萝卜等。这些原料本身营养价值都很高，互相搭配更有益于营养平衡。在日常生活中为了让馅料香浓味美，人们常常会有一些错误的做法，比如人们总会多放肉、少放蔬菜，避免产生太"柴"的口感；同时，制作蔬菜馅料时，一般要挤去菜汁，但这会使其中的可溶性维生素和钾等营养成分损失严重。如何配制饺子馅才能既营养又美味？您可以遵循以下几个原则。

### 如何配制饺子馅才能既营养又美味

**合理搭配**

从营养角度讲，纯肉饺子不利于消化吸收。肉馅里加些蔬菜，被吸收率会提高80%左右，营养更全面。肉属酸性，菜为碱性，有利于酸碱平衡。蔬菜还可促进人体肠胃蠕动，有助于消化。

**肉要制成蓉状**

做馅的肉，应用刀剁碎或用绞肉机绞碎，使其成为蓉状。瘦肉多时可适量加菜汁或水，肥肉多时可少加菜汁或水，先将肉使劲向一个方向搅动，再放入调味料，拌匀，直到呈糊状后，再将蔬菜拌入搅匀即可。

**比例适当**

饺子馅的肉与菜的比例以1：1或2：1为宜。把菜馅剁好后，先将菜汁挤压出来置于盆中，拌肉时和调料一起陆续加入，使菜汁渗入肉内，然后放上蔬菜搅动。素饺可拌入食用油，让油把菜包裹起来。

# 酥·饼的制作小窍门

中式面点中的饼是我们经常会吃到的，它香酥可口，但制作起来却不太容易。要想做出风味独特的美食，掌握好下面几点很重要。

## 01 选择适用的面粉

面粉是最重要的制饼原料，不同的面粉适合制作不同口味的饼。市面上销售的面粉可分为高筋面粉、中筋面粉、低筋面粉，做不同的饼要选择不同的面粉。

## 02 揉制面团要注意细节

面粉要过筛，使空气进入面粉中，做出来的饼才松软有弹性；搅拌面粉时最好轻轻拌匀，太过用力，会将面粉的筋度越拌越高；将面粉揉成团的过程中，要分数次加入水，揉出来的面团才会有弹性。

## 03 制作面团时加入油脂

在揉面团时添加油脂的目的是为了提高饼的柔软度和增加饼的保存时间，并防止饼干燥。另外，适量油脂也可帮助面团或面糊在搅拌及发酵时保持良好的延展性，还可使饼吃起来口味香浓。

### 如何选面粉

**低筋面粉**

低筋面粉筋度与黏度非常低，蛋白质含量很低，可用于制作各式口感松软的锅饼、牛舌饼等。

**中筋面粉**

中筋面粉筋度及黏度适中，使用范围比较广，可用于制作烧饼、糖饼等软中带韧的饼。

**高筋面粉**

高筋面粉筋度大，黏性强，蛋白质含量在三种面粉中最高，适合用来做松饼、奶油饼等有嚼劲的饼。

## 黄油打发的时间有讲究

**04**

要想将酥饼做得好吃，每一个环节都必须掌控好，黄油的打发这一关也同样不可忽视。在制作酥类球状物时，黄油打发的时间如果较短，面团就会比较容易成型，烤的时候也不容易扁塌；若黄油打发得比较充分，烤出来的口感会更酥脆，但由于黄油的延展性，形状或将不能保持，容易扁塌。

## 包酥学问可不小

**05**

包酥，是以水油面做皮，干油酥做心，将干油酥包在水油面团内制作成酥皮的过程。包酥要注意水油面与干油酥的搭配比例，比例恰当才能做出酥脆可口的酥饼。除此之外，在擀制时应从中间往四周擀，用力要轻重适当，使得所擀制出来的薄皮的厚薄程度一致，卷条时也要尽可能地卷紧，只有这样做出来的酥饼才能卖相十足。

## 油酥制作不再单调

**06**

以前我们都是采用传统的方法——"擦酥"，即当油渗入面粉后，将其拌匀，放在案板上，用双手的掌根一层层地向前推擦，直到双手接触面团时能感受到它产生弹性为止。现在，和面机的出现让我们制作油酥时可以不用再像以前那般费劲和单一。我们只需先将油倒入和面机中，再倒入小麦粉，将两者的混合物搅拌 2 分钟即可。

# 百吃不厌的筋道面条

面条是我国最常见的传统主食之一，尤其是北方人，对面条的喜爱应该是与生俱来，深入骨髓的。面条起源于汉朝，历史悠久，制作方法多种多样。本章将为大家介绍做法多样的面条，一起见证美味的诞生。

看视频学面食

# 「刀削面」 烹饪时间：35分钟

## 原料 Material

面粉 ------ 250 克
瘦肉 ------- 50 克
油菜 --------适量
干辣椒------适量
蒜末 --------适量
姜末 --------适量

## 调料 Seasoning

盐 ----------适量
生抽 --------适量
食用油------适量
胡椒粉------适量

## 做法 Make

**1.**面粉倒在案板上，开窝，加水和匀，揉成光滑面团，饧 10 分钟。

**2.**面团上撒点面粉，再反复揉一会儿，使面团更加光滑。

**3.**将面团揉成圆柱状，饧发一会儿。

**4.**锅中注入适量清水，大火烧开，将面团放在擀面杖上，左手托起倾斜于锅上，右手持刀，刀紧贴面团，与面团呈 0° 角由上往下削出边沿薄中间稍厚的面条，落入开水锅中。

**5.**将面条煮至熟软后捞出沥干水分，装入碗中，待用。

**6.**将洗净的瘦肉切成片，再切成丝，改切成末；干辣椒切成小段。

**7.**热锅注油烧热，放入干辣椒、姜末、蒜末爆香，倒入肉末炒至变色，放入备好的油菜，翻炒均匀。

**8.**加入盐、生抽、胡椒粉，翻炒至入味，盛出，浇在刀削面上即可。

# 「牛肉刀削面」 烹饪时间：44分钟

## 原料 Material

面粉 ------ 300 克
卤牛腩 ---- 200 克
葱段 -------- 15 克
红辣椒 ------- 5 克
香菜 -------- 适量
蒜 ---------- 适量
八角 -------- 适量
葱花 -------- 少许

## 调料 Seasoning

盐 ----------- 2 克
老抽 ------ 3 毫升
料酒 -------- 适量
番茄酱 ------ 适量
食用油 ------ 适量

## 做法 Make

**1.**将卤牛腩切成小块，待用；红辣椒洗净切碎；蒜洗净切末。

**2.**面粉加水揉成光滑面团，盖湿布饧 10 分钟，再反复揉搓，将面团先压成一个长条，再将两边向中间折叠，折叠好后再揉长、再折叠，重复多次，最后将面团揉成长约 40 厘米的圆柱状，用湿布盖住，饧约 10 分钟。再将面团放在面板上，左手托起倾斜于锅边，右手持刀，刀紧贴面团，与面团呈 0° 角，由上往下，削成边沿薄中间稍厚的面条落入水锅中，煮熟后捞出，过一遍凉水，装碗待用。

**3.**炒锅注油烧热，放入蒜末、葱花、八角、红椒碎，大火爆香，放入牛腩块，淋入料酒、老抽，炒至变色，加入番茄酱、盐翻炒入味，注水，煮至汤汁沸腾，再放入葱段煮一会儿，盛出汤汁，浇在装有刀削面的碗中，再撒上香菜即可。

# 「肉末番茄扯面」 烹饪时间：8分钟

## 原料 Material

扯面 ------ 270 克
肉末 ------- 60 克
番茄 ------- 75 克
蒜末 -------- 少许
茴香叶 ------ 少许

## 调料 Seasoning

盐 ----------2 克
鸡粉 ---------2 克
食用油 ------ 适量

## 做法 Make

1. 洗净的番茄切小瓣，备用。
2. 锅中注入适量食用油烧热，倒入肉末，炒至变色。
3. 放入番茄，撒入蒜末，炒匀炒香。
4. 注入适量清水，拌匀。
5. 盖上锅盖，用中火煮约 2 分钟。
6. 揭开锅盖，加入盐、鸡粉。
7. 下入扯面，拌匀，煮至熟软。
8. 关火后盛出煮好的扯面，装入碗中，最后点缀上茴香叶即可。

看视频学面食

# 「手擀面」

烹饪时间：15分钟

## 原料 Material

面粉 ------ 250 克
熟鸡蛋 ------- 1 个
香菇 ------- 30 克
瘦肉 ------- 30 克
菜心 ------- 30 克
蒜末 -------- 适量

## 调料 Seasoning

盐 ----------- 2 克
鸡粉 ---------- 1 克
生抽 ------ 3 毫升
食用油 ------ 适量

## 做法 Make

**1.**将面粉倒在案板上开窝，加入适量温水和成面团，揉匀揉光，制成光滑的面团，稍微饧一会儿。

**2.**用手将面团稍稍按扁，再用擀面杖将面擀成薄片，撒少许面粉，折三折呈长条状，再用刀将面片切成细条。

**3.**用手把面条抓起，稍微抖几下，抖出面粉，待用。

**4.**洗净的香菇去蒂，切成四瓣；洗净的瘦肉切成片，再切成丝；熟鸡蛋去壳，对半切开，待用。

**5.**锅中注水烧开，下入切好的面条，煮至面条熟软，捞出，沥干水分，装入备好的碗中，待用。

**6.**锅中注油烧热，倒入蒜末，爆香，加入瘦肉炒至变色，放入香菇，炒匀。

**7.**淋入生抽，翻炒两下，调入盐、鸡粉，炒至食材入味，注入适量清水煮开，制成浇头，盛出，浇在煮好的面条上。

**8.** 锅中再注水烧开，放入洗净的菜心，焯水捞出，摆在面条上，再放上切好的鸡蛋即可。

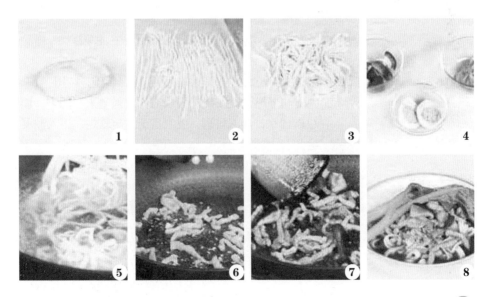

1　2　3　4

5　6　7　8

# 「龙须拉面」 烹饪时间：20分钟

## 原料 Material

细拉面 ---- 300 克
猪肉馅 ----- 30 克
番茄 -------- 1 个
生姜 -------- 适量
蒜 ---------- 适量
油菜 -------- 适量

## 调料 Seasoning

盐 ---------- 2 克
陈醋 -------- 适量
老抽 -------- 适量
料酒 -------- 适量
食用油 ------ 适量

## 做法 Make

**1.** 准备好番茄，切小块；姜和蒜洗净切末；油菜择洗干净，撕开。

**2.** 沸水锅中加入细拉面煮至熟软，捞出，装碗，待用。

**3.** 锅中倒油烧热，加入猪肉馅炒匀，放入姜末、蒜末，加入一小碗清水，淋入料酒，放入番茄煮至软烂，下入油菜煮一会儿。

**4.** 加入老抽、盐、陈醋，拌匀，即成酱料，盛出倒在拉面上，摆好即可。

# 「牛肉拉面」 烹饪时间：16分钟

### 原料 Material

面粉 ------ 500 克
牛肉 ------- 100 克
牛肉丸 ----- 50 克
青椒 -------- 适量
红尖椒 ------ 适量
葱花 -------- 适量
蒜末 -------- 适量
香菜段 ------ 适量
大葱段 ------ 适量

### 调料 Seasoning

盐 ----------- 3 克
鸡粉 ---------- 1 克
陈醋 ------ 8 毫升
老抽 ------ 3 毫升
料酒 ------ 2 毫升
食用油 ------ 适量

### 做法 Make

1.将青椒洗净切碎；红尖椒洗净切圈；蒜末加料酒、1毫升老抽腌渍一会儿。

2.将切好的食材装入小碟中，再倒入2毫升陈醋、2毫升老抽，加入1克盐，拌匀入味，再撒上葱花，拌匀，制成酱汁。

3.锅中注水烧开，放入牛肉，煮至熟，捞出放凉，切成片。

4.面粉中加入清水和成面团，静置片刻，搓成长条，双手各抻面的一端，旋成麻花条形，反复多次，再将条搓匀，手提两端，甩成长条，掐掉面头，制成拉面。

5.另起锅注水烧开，加入食用油、牛肉丸煮2分钟，再下入拉面，煮约6分钟，加入2克盐、鸡粉、6毫升陈醋拌匀。

6.捞出煮好的拉面装碗，再放入牛肉丸、牛肉片，撒上大葱段，放上青椒、红尖椒、香菜段、蒜末，淋上酱汁即可。

# 「清汤面」烹饪时间：55分钟

### 原料 Material

面粉 ------ 500 克

鸡蛋 ---------1 个

番茄 ---------1 个

菠菜 ------- 25 克

豆腐 ------- 30 克

木耳 ------- 20 克

鸡汤 --------- 适量

### 调料 Seasoning

食用油 ------ 适量

做法 Make

**1.** 将洗净的番茄去蒂，对半切开，再切成小块。

**2.** 菠菜洗净去根，待用；木耳洗净，切成丝；豆腐洗净，切成条。

**3.** 将面粉倒在案板上开窝，打入一个鸡蛋，再慢慢加入适量温水，和匀，揉成光滑的面团。

**4.** 盖上湿布，饧约半小时；饧好的面团用擀面杖擀开，擀成薄面皮。

**5.** 用刀将面皮切成细竹棍粗细的面条，撒上少许面粉，用手抖散，待用。

**6.** 锅置火上，加入清水，淋入食用油，大火烧开，下入面条煮至熟软，捞出，沥干水分，装入备好的碗中，待用。

**7.** 另起锅，加入鸡汤煮至沸，倒入番茄、菠菜、木耳、豆腐。

**8.** 再次煮至沸腾，下入面条，煮一会儿至全部食材熟软入味。

**9.** 盛出面条和汤，装入碗中即可。

# 「番茄牛肉面」

烹饪时间：8分钟

看视频学面食

## 原料 Material

面条 ------ 250 克
牛肉汤 -- 300 毫升
番茄 ------- 100 克
蒜末 ------- 少许
葱花 ------- 少许

## 调料 Seasoning

番茄酱 ------ 适量
食用油 ------ 适量

## 做法 Make

**1.**洗好的番茄对半切开，改切成块。

**2.**锅中注入适量清水，大火烧开，放入面条，轻轻搅拌。

**3.**煮约 4 分钟，至面条熟透，捞出面条，装入碗中，待用。

**4.**用油起锅，爆香蒜末，挤入番茄酱，炒出香味。

**5.**倒入牛肉汤，大火略煮一会儿，放入番茄，拌匀，煮至断生。

**6.**关火后盛出煮好的汤料，浇在面条上，点缀上葱花即成。

# 「胡萝卜牛肉面」 烹饪时间：8分钟

看视频学面食

## 原料 Material

面条 ----------- 175 克
胡萝卜牛肉汤 --300 毫升
蒜末 ------------- 少许

## 调料 Seasoning

生抽 ----------- 3 毫升

## 做法 Make

1.锅中注入适量清水，大火烧开，放入备好的面条。

2.轻轻搅拌几下，煮约 4 分钟，至面条完全熟透。

3.关火后盛出煮好的面条，装入碗中，待用。

4.炒锅置于火上，倒入备好的胡萝卜牛肉汤，用大火略煮。

5.淋入生抽，拌匀，煮至沸。

6.关火后盛出煮好的汤汁，浇在面条上，撒上蒜末即成。

# 「枸杞竹荪牛肉面」 烹饪时间：38分钟

### 原料 Material

面粉 ------ 250 克
水发黄花菜  65 克
水发竹荪--- 40 克
牛肉汤-- 350 毫升

### 调料 Seasoning

盐 -----------2 克
生抽 ------ 3 毫升
枸杞酒-- 120 毫升

### 做法 Make

**1.**将洗净的黄花菜系上十字结，待用。

**2.**将面粉倒在案板上开窝，加入清水，揉成光滑的面团，盖上湿布稍微饧一下，擀成大片，再对折，用刀将面团切成刀削面，放入沸水锅中煮约 4 分钟，捞出。

**3.**另起锅，倒入牛肉汤，用大火加热，待汤汁沸腾，放入黄花菜，倒入洗净的竹荪，注入枸杞酒。

**4.**拌匀，略煮一会儿，加入盐、生抽，拌匀调味，制成汤料，待用。

**5.**取一大碗，放入煮熟的面条，再盛入锅中调好的汤料即可。

# 「肥牛麻辣面」

**烹饪时间：** 36 分钟

**原料 Material**

面粉 ------ 300 克
牛肉卷----- 85 克
黄瓜 ------- 90 克
红椒圈------10 克
洋葱 --------15 克
牛肉汤-- 180 毫升

**调料 Seasoning**

辣椒酱----- 30 克
生抽 ----- 10 毫升
料酒 ------ 5 毫升
辣椒油---- 5 毫升
食用油------ 适量

**做法 Make**

1.洋葱洗净切细丝；黄瓜洗净切细丝。

2.将面粉倒在案板上开窝，加入清水，揉成光滑的面团，盖上湿布稍微醒一下，擀成大片，再对折，用刀将面团切成刀削面，放入沸水锅中煮约4分钟，捞出。

3.用油起锅，倒入洋葱丝，炒香，放入牛肉卷，炒至变色，淋入料酒，炒匀。

4.加入辣椒酱，注入红烧牛肉汤，撒上红椒圈，拌匀，淋上辣椒油，调入生抽，用中火略煮一会儿，制成汤料，待用。

5.把煮熟的面条装入碗中，盛入锅中的汤料，点缀上黄瓜丝即成。

# 「葱丝煮挂面」 烹饪时间：15分钟

## 原料 Material

牛肉 ------- 100 克

挂面 ------- 80 克

朝天椒圈 ---- 10 克

香葱 -------- 10 克

清汤 ---- 100 毫升

大葱白 ----- 25 克

香菜 -------- 少许

## 调料 Seasoning

豆瓣酱 ------ 10 克

鱼酱 ------- 20 克

盐 ----------- 2 克

黑胡椒粉 ----- 2 克

椰子油 ---- 6 毫升

## 做法 Make

**1.**洗净的香葱切成段。

**2.**洗好的大葱白切丝。

**3.**洗净的牛肉切薄片。

**4.**汤锅置火上烧热,放入一半椰子油,倒入清水、清汤。

**5.**放入鱼酱、豆瓣酱,搅拌均匀,煮约1分钟至烧开,盛出装碗待用。

**6.**炒锅置火上烧热,倒入剩余椰子油,放入牛肉片,炒约2分钟。

**7.**加入盐、黑胡椒粉,炒匀调味。

**8.**关火后盛出,装盘待用。

**9.**洗净的汤锅注水烧开,放入挂面。

**10.**煮约90秒至熟软,捞出,沥干水分,装入盘中。

**11.**四周放入洗净的香菜,中间放入牛肉片。

**12.**放上香葱段、大葱丝、朝天椒圈,浇上煮好的汤料即可。

# 「桃花面」 烹饪时间：16分钟

## 原料 Material

挂面 ------ 250 克
猪肉末 ---- 200 克
烧肉 -------- 适量
鸡蛋 --------2 个
油菜 ------- 30 克
黄芽韭 ------ 适量
葱丝 -------- 适量
姜末 -------- 适量
木耳 -------- 适量
高汤 -------- 适量

## 调料 Seasoning

盐 ----------3 克
生粉 ------- 30 克
鸡粉 ---------2 克
生抽 ------ 8 毫升
食用油 ------ 适量
花椒水 ------ 适量

## 做法 Make

1.黄芽韭切段；木耳洗净切片；油菜洗净，待用。

2.猪肉末装碗，加入姜末、鸡粉、盐、生抽、花椒水、生粉，打入1个鸡蛋，拌成肉馅，再捏成核桃大小的丸子，装盘待用。

3.锅注油烧热，将猪肉丸子放入油锅炸熟，捞出沥干油分，待用。

4.另起油锅烧热，爆香姜末、葱丝、黄芽韭，加入高汤煮沸，倒入烧肉、丸子煮至熟软，打入另一个鸡蛋煮成荷包蛋型，加入木耳、油菜，煮至熟软，盛出，即成汤料。

5.锅中注水烧开，下入挂面，煮至熟软捞出装碗，浇上汤料即可。

# 「刀拨面」

烹饪时间：75分钟

## 原料 Material

面粉 ------ 250 克
牛腱子肉-- 750 克
大葱 ------- 适量
姜片 ------- 适量
八角 ------- 适量
山楂 ------- 适量

## 调料 Seasoning

盐 -----------2 克
料酒 ------ 8 毫升
陈醋 ----- 10 毫升
黄酱 ------- 适量
辣椒油------ 适量
食用油------ 适量

## 做法 Make

**1.**将面粉加水和好，揉成光滑的面团，盖湿布饧一会儿，擀成 3 毫米厚、30 厘米宽的长条，撒上面粉折成六层，放在光滑的小木板上。

**2.**双手各执刀的一头，一刀一刀地往前拨出面条，刀与面的角度成 45°。

**3.**面条入沸水中煮至熟，捞出。

**4.**牛腱子肉洗净切碎末；大葱斜切段；山楂洗净切碎。

**5.**起油锅，爆香八角、大葱，放入黄酱炒匀，淋入料酒、陈醋炒匀，注入适量清水。

**6.**放入牛腱子肉、姜片、山楂，加盐，煮至熟软入味，加入辣椒油，浇在拨面上即可。

# 「三色骨头面」 烹饪时间：55分钟

看视频学面食

## 原料 Material

菠菜汁 ---- 30 毫升
紫甘蓝汁 -- 30 毫升
胡萝卜汁 -- 30 毫升
面粉 ------- 250 克
葱花 --------- 少许
骨头汤 --- 200 毫升

## 调料 Seasoning

盐 -----------1 克
鸡粉 ---------1 克
胡椒粉 -------1 克
芝麻油 ---- 5 毫升

## 做法 Make

**1.** 取一个空碗，倒入80克面粉，倒入胡萝卜汁，搓揉成光滑面团。

**2.** 再取一个空碗，倒入80克面粉，倒入紫甘蓝汁，搓揉成光滑面团。

**3.** 另取一个空碗，倒入80克面粉，倒入菠菜汁，搓揉成光滑面团。

**4.** 将胡萝卜面团擀成薄面皮，撒少许面粉，折三折呈长条状，切小条，抖散成胡萝卜面条，装碗。

**5.** 将紫甘蓝面团擀成薄面皮，撒少许面粉，折三折呈长条状，切成小条，抖散成面条，装碗。

**6.** 再将菠菜面团按照紫甘蓝面条的做法，制成菠菜面条。

**7.** 锅置火上，注入骨头汤，烧开后放入紫甘蓝面条、胡萝卜面条、菠菜面条。

**8.** 拨散，煮2分钟至熟，加入盐、鸡粉、胡椒粉、芝麻油，搅匀调味，盛出煮好的面，装碗，撒上葱花即可。

# 「山西烩面」 烹饪时间：35分钟

## 原料 Material

精面粉 ---- 250 克
水 ------- 80 毫升
鸡蛋 --------1 个
胡萝卜------ 适量
土豆 -------- 适量
香葱 -------- 适量
姜片 -------- 适量
油菜心------ 适量

## 调料 Seasoning

盐 ----------2 克
生抽 ------ 8 毫升
鸡粉 --------2 克
食用油------ 适量
芝麻油------ 适量

## 做法 Make

**1.** 土豆洗净去皮，切条；胡萝卜洗净去皮，切条；油菜心洗净。

**2.** 面粉中磕入鸡蛋，加入水和好面，揉匀，擀开，切成面条，放入沸水锅中，煮熟捞出，装碗待用。

**3.** 炒锅注油烧热，爆香葱、姜片，下入土豆条、胡萝卜条炒至快熟，放入油菜心炒匀。

**4.** 倒入面条轻轻翻炒匀，调入盐、生抽、鸡粉。

**5.** 盖住锅盖，略焖一会儿，盛出，淋上芝麻油即可。

# 「河南烩面」 烹饪时间：15分钟

看视频学面食

## 原料 Material

面粉 -------- 少许
豆腐皮 ----- 70 克
香菜 ------- 20 克
水发海带 --- 55 克
面团 ------- 180 克
熟羊肉块（带汤）
---------- 100 克
葱花 -------- 少许

## 调料 Seasoning

盐 ----------- 1 克
鸡粉 --------- 1 克
生抽 ------ 5 毫升
食用油 ------ 适量

## 做法 Make

1.泡好的海带切丝；洗净的豆腐皮切条；洗净的香菜切小段。

2.面团上撒入面粉，擀成薄面皮，再卷成长条状，切条。

3.起油锅，爆香葱花，加入生抽，倒入羊肉块，注水，倒入豆腐皮、海带丝。

4.加入盐、鸡粉，加盖，用大火煮开后转小火续煮5分钟至食材熟软入味。

5.揭盖，放入面条，搅散，煮约4分钟至熟。

6.盛出烩面，装碗，放上香菜即可。

# 「砂锅鸭肉面」

烹饪时间：35分钟

看视频学面食

## 原料 Material

面条 ------- 60 克
鸭肉块 ----- 120 克
油菜 ------- 35 克
姜片 ------- 少许
蒜末 ------- 少许
葱段 ------- 少许

## 调料 Seasoning

盐 ----------- 2 克
鸡粉 --------- 2 克
料酒 ------- 7 毫升
食用油 ------ 适量

**做法 Make**

1.洗净的油菜沥干水分，对半切开。

2.锅中注入适量清水烧开，加入食用油，倒入油菜，拌匀，煮至断生，捞出油菜，沥干水分。

3.沸水锅中倒入鸭肉块，拌匀，汆去血水，撇去浮沫，捞出鸭肉，沥干水分，待用。

4. 砂锅中注入适量清水烧开，倒入鸭肉，淋入料酒，撒上蒜末、姜片。

5.盖上盖，烧开后用小火煮约30分钟。

6.揭开盖，放入面条，搅拌匀，再盖上盖，转中火煮约3分钟至面条熟软。

7.揭开盖，搅拌匀，加入盐、鸡粉，拌匀，煮至食材入味。

8.关火后取下砂锅，放入油菜，点缀上葱段即可。

# 「肉臊面」

烹饪时间：15分钟

看视频学面食

## 原料 Material

油面 ------ 230 克
基围虾 ----- 60 克
肉末 ------- 50 克
黄豆芽 ----- 25 克
卤蛋 --------- 1 个
香菜叶 ------ 少许
高汤 ---- 350 毫升

## 调料 Seasoning

盐 ----------- 2 克
鸡粉 --------- 2 克
料酒 ------ 4 毫升
生抽 ------ 5 毫升
水淀粉 ------ 适量
食用油 ------ 适量

## 做法 Make

1.将基围虾洗净，去虾壳、虾线；卤蛋对半切开；黄豆芽洗净。

2.锅中注入适量食用油，大火烧热，倒入肉末，加入料酒、2 毫升生抽、适量高汤、1 克鸡粉、盐、水淀粉，炒入味，盛出。

3.黄豆芽焯水捞出；虾仁汆水捞出。

4.炒锅注水烧开，倒入油面拌匀，中火煮约 5 分钟至熟透，盛出装碗。

5.另起锅，加剩余高汤、3 毫升生抽、1 克鸡粉，倒入虾仁，煮至沸，制成汤料。

6.碗中放入黄豆芽、卤蛋、炒好的肉末。锅中汤料浇在油面上，放上香菜叶即可。

# 「咸安合菜面」 烹饪时间：10分钟

**原料 Material**

细圆面条-- 230 克
豆腐 ------- 50 克
瘦肉 ------- 55 克
黑木耳----- 45 克
榨菜 ------- 25 克
蒜末 ------- 少许

**调料 Seasoning**

盐 ----------3 克
料酒 ------ 2 毫升
食用油------ 少许

**做法 Make**

1.将豆腐洗净，切成条；瘦肉洗净，切成丝；榨菜切成丝；瘦肉丝装入碗中，加入1克盐、料酒，腌渍一会儿至入味。

2.净锅上火加热，加入食用油，放入备好的面条，翻炒至面条呈金黄色，盛出炒好的面条，放入盘中，待用；另起锅注入适量清水，大火烧开，放入木耳焯水至变软，捞出，沥干水分，再切成丝。

3.锅中注入适量清水烧开，放入炒好的面条，煮一会儿至再次沸腾，倒入焯好水的黑木耳丝、豆腐条、榨菜丝，加入腌渍好的瘦肉丝，续煮一会儿至食材熟软，加入2克盐煮至入味，撒上蒜末煮一会儿，盛出即可。

「翡翠剔尖」烹饪时间：40分钟

看视频学面食

## 原料 Material

面粉 ------ 250 克
菠菜 ------ 250 克
鸡蛋 ---------1 个
番茄 ---------1 个

## 调料 Seasoning

盐 ----------3 克
食用油 ------ 适量

## 做法 Make

**1.** 用 125 克面粉加温水揉成软面团。

**2.** 菠菜洗净切碎，包入笼布中挤出菠菜汁，浇入剩余面粉中揉成软面团，盖布醒半小时。

**3.** 先将白色的面装于盘底，再放上绿色的面，手沾水交替拍平整，挤至盘边沿。

**4.** 左手托住盘，右手拿一根竹尖筷子（长 40 厘米，头尖尖的），用筷子置于盘边，并压住一些面，由上而下，直接拨入开水中。

**5.** 将拨入沸水中的剔尖煮熟，捞出装碗，待用。

**6.** 番茄切小块；鸡蛋打匀；炒锅注油烧热，倒入蛋液炒至刚刚熟软，盛出。

**7.** 锅中继续注油烧热，倒入番茄块翻炒至变软，倒入炒好的鸡蛋。

**8.** 加入盐，翻炒入味，盛出浇在剔尖上即可。

1   2   3   4
5   6   7   8

# 「青豆麻酱拌面」 烹饪时间：20分钟

## 原料 Material

碱水面---- 260 克
青豆 -------- 30 克
芦笋 ---------1 根
香菜叶------ 少许

## 调料 Seasoning

盐 ----------2 克
鸡粉 ---------1 克
胡椒粉-------2 克
生抽 ------ 3 毫升
食用油------ 适量
芝麻酱----- 30 克

## 做法 Make

1. 芦笋洗净，切成小块；青豆洗净，待用。
2. 锅中注水烧热，倒入芦笋，焯水捞出，沥干水分，装入碗中。
3. 锅中注水烧开，倒入洗净并沥干水分的青豆，煮至熟透，捞出沥干水分，待用。
4. 另起锅，注入适量清水，大火烧开，倒入碱水面，调入盐，煮约 10 分钟至面条熟软。
5. 捞出煮好的面条，沥干水分，装入大碗中，待用。
6. 另起锅注入适量食用油，大火烧热，倒入芝麻酱，加入鸡粉、胡椒粉，炒匀，淋入生抽，拌匀，制成调味酱。
7. 盛出调味酱，倒在装有面条的碗中，用筷子搅拌均匀。
8. 将拌好的面条倒在一个干净的碗中，放上青豆、芦笋，最后撒上香菜叶即可。

# 「豆角拌面」 烹饪时间：7分钟

看视频学面食

## 原料 Material

油面 ------ 250 克
豆角 ------- 50 克
肉末 ------- 80 克
红椒 ------- 20 克

## 调料 Seasoning

盐 -----------2 克
鸡粉 ---------3 克
生抽 ------- 适量
料酒 ------- 适量
芝麻油 ------ 适量
食用油 ------ 适量

## 做法 Make

1.洗净的红椒切丝，再切成粒；洗好的豆角切成粒。

2.用油起锅，倒入肉末，炒至变色，放入豆角。

3.加入料酒、生抽、1克鸡粉，炒匀，加入红椒，炒匀，盛入盘中。

4.锅中注水烧开，倒入油面，煮约5分钟至油面熟软，装入碗中。

5.加入盐、生抽、2克鸡粉、芝麻油。

6.放上炒好的部分肉末，拌匀，再放上剩余的肉末即可。

# 「泡菜肉末拌面」 烹饪时间：10分钟

看视频学面食

## 原料 Material

泡萝卜----- 40 克

酸菜------- 20 克

肉末------- 25 克

面条-------100 克

葱花-------- 少许

## 调料 Seasoning

盐 -----------2 克

鸡粉---------2 克

陈醋------ 7 毫升

生抽------ 2 毫升

老抽------ 2 毫升

辣椒酱------ 适量

水淀粉------ 适量

食用油------ 适量

## 做法 Make

**1.**泡萝卜切丝；酸菜洗净切成粗丝。

**2.**锅中注水烧开，倒入泡萝卜、酸菜，拌匀，煮约1分钟，捞出。

**3.**锅中注水烧开，淋入食用油，放入面条煮约2分钟至熟软，捞出。

**4.**起油锅，倒入肉末炒变色，淋入生抽，倒入焯过水的食材，炒匀。

**5.**放入辣椒酱、少许清水，炒匀，调入盐、鸡粉、陈醋，煮至食材熟软、入味。

**6.**用水淀粉勾芡，调入老抽，盛入装有面条的碗中，撒上葱花即可。

# 「爽口黄瓜炸酱面」

烹饪时间：14分钟

## 原料 Material

熟面条---- 200 克
五花肉---- 200 克
黄瓜 ------- 70 克
姜末 -------- 少许
葱碎 -------- 少许
香菜 -------- 少许
蒜末 -------- 少许

## 调料 Seasoning

鸡粉 --------- 1 克
干黄酱----- 30 克
甜面酱----- 30 克
白糖 --------- 2 克
食用油------ 适量

## 做法 Make

**1.**黄瓜洗净，切成丝；五花肉洗净去皮，切小块；碗中倒入干黄酱、甜面酱，再倒入少许清水，拌匀成酱料。
**2.**锅中注入适量食用油，大火烧热，倒入切好的五花肉，炒至变色，再倒入姜末、葱碎，炒出香味，接着放入调好的酱料，翻炒均匀，调入白糖、鸡粉，翻炒均匀，再注入少许清水。
**3.**搅匀，稍煮1分钟至酱料微稠入味，将酱料浇在备好的面条上，在面条一旁放上黄瓜丝，另一旁放上洗净的香菜，撒上蒜末即可。

# 「山西炸酱面」 烹饪时间：12分钟

看视频学面食

## 原料 Material

肉末 ------- 80 克

金针菇----- 75 克

黄豆芽----- 80 克

黄瓜 ------- 65 克

胡萝卜----- 60 克

香菇 ------- 40 克

面条 -------155 克

## 调料 Seasoning

白糖 --------2 克

鸡粉 --------2 克

干黄酱----- 35 克

食用油------ 适量

## 做法 Make

1.食材洗净；金针菇切去根；黄瓜切成丝；香菇切成条；胡萝卜切成丝。

2.面条入沸水锅中煮至熟软，捞出，沥干水分。

3.锅中继续倒入香菇、金针菇、黄豆芽氽至断生，捞出放在面条上。

4.铺上黄瓜丝和胡萝卜丝。

5.起油锅，倒入肉末炒至变色，放入干黄酱、清水，搅匀。

6.调入鸡粉、白糖，稍煮1分钟成酱料，浇在面条上即可。

# 「番茄鸡蛋打卤面」

烹饪时间：8分钟

看视频学面食

## 原料 Material

面条 ------- 80 克
番茄 ------- 60 克
鸡蛋 -------- 1 个
蒜末 ------- 少许
葱花 ------- 少许

## 调料 Seasoning

盐 ---------- 2 克
鸡粉 -------- 2 克
番茄酱 ------ 适量
水淀粉 ------ 适量
食用油 ------ 适量

## 做法 Make

1.番茄洗净切小块；鸡蛋打入碗中，打散，调成蛋液。

2.锅中注水烧开，加入少许食用油，倒入备好的面条，煮至熟软，捞出，沥干水分，装碗。

3.起油锅，倒入蛋液，炒成蛋花状，盛入碗中。

4.锅底留油，爆香蒜末，放入番茄、蛋花，炒匀。

5.注入少许清水，调入番茄酱、盐、鸡粉，煮至熟软。

6.倒入水淀粉勾芡，再将锅中材料盛入装有面条的碗中，最后放上葱花即可。

# 「豆角焖面」 烹饪时间：8分钟

## 原料 Material

宽面条---- 200 克
豆角 -------100 克
红椒 ------- 适量
蒜泥 ------- 适量
香菜末------ 适量

## 调料 Seasoning

盐 -----------2 克
生抽 ------- 适量
花椒油------ 适量
陈醋 ------- 适量
芝麻油------ 适量
食用油------ 适量

## 做法 Make

1.豆角洗净去筋，切成小段；红椒洗净，切成丝。

2.热锅注入适量花椒油，烧热，盛出装碗。

3.碗中加入生抽、陈醋、芝麻油，倒入香菜末、蒜泥，搅匀成调味汁。

4.锅中注油烧热，放入豆角、红椒丝，炒至豆角变绿，调入生抽、盐，淋入适量清水。

5.下入面条抖散，均匀地铺在豆角上，盖上盖，焖3分钟。

6.加少量清水再焖3分钟至熟，盛出，装入碗中，淋上调味汁，放上香菜末即可。

# 「上党炒卤面」 烹饪时间：65分钟

## 原料 Material

面条 ------ 200 克
红萝卜 ------- 1 个
黄萝卜 ------- 1 个
红辣椒 ------- 1 个
葱花 -------- 适量
蒜 ---------- 适量
卤肉的汤汁 -- 1 碗

## 调料 Seasoning

醋 ---------- 适量
芝麻油 ------ 适量
食用油 ------ 适量

## 做法 Make

**1.** 蒸锅的水开后将面条上屉蒸 5 分钟，取出面条抖散，放入卤肉汁里，蘸上汤汁，再放入蒸锅内蒸 10 分钟取出，即成卤面。

**2.** 食材洗净；红辣椒切圈；红萝卜切成丝；黄萝卜切成丝；蒜切细末，装碗，倒入适量的醋和芝麻油，制成蒜醋汁。

**3.** 炒锅倒油烧热，爆香葱花和红辣椒，放入红萝卜丝、黄萝卜丝，炒至七分熟。

**4.** 将卤面放在萝卜丝上面，用小火焖 1 分钟，炒透，放入蒜醋汁，拌炒匀，盛出即可。

# 「剪刀面」 烹饪时间：35分钟

看视频学面食

## 原料 Material

白面 ------ 250 克
青椒 ------ 25 克
红椒 ------ 25 克
豆芽 ------ 25 克

## 调料 Seasoning

盐 -----------2 克
鸡粉 --------1 克
生抽 -------- 适量
食用油------ 适量

做法 Make

**1.** 将备好的白面放在案板上开窝，慢慢加入适量温水，和匀。

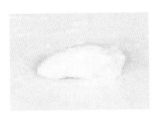

**2.** 边揉边适量加入一些温水，揉成光滑的、呈圆锥状的硬面团，稍饧。

**3.** 左手持面团，右手拿剪子，从头剪起，滚动着剪，把面剪成两头尖、中间带槽的剪刀面，待用。

**4.** 将洗净的豆芽切去根；洗净的青椒切开，去子，再切成丝；洗净的红椒切成丝。

**5.** 锅中注入适量清水烧开，放入剪刀面，煮至面条断生，捞出，沥干水分，装入备好的盘中。

**6.** 起油锅，下入豆芽翻炒一会儿，再下入青椒、红椒翻炒均匀。

**7.** 倒入剪刀面，翻炒至全部食材熟软，淋入适量生抽。

**8.** 加入盐、鸡粉，翻炒至食材入味，盛出炒好的剪刀面装盘即可。

# 「南炒面」 烹饪时间：33分钟

## 原料 Material

面条 ------ 300克
青椒 ------- 25克
红椒 ------ 25克
洋葱 ------- 25克
猪里脊肉--- 50克
蒜 --------- 适量

## 调料 Seasoning

盐 -----------3克
料酒 ------- 适量
生抽 ------- 适量
食用油------ 适量

## 做法 Make

1.青椒洗净切丝；红椒洗净切丝；洋葱洗净切丝；蒜洗净切末。

2.猪里脊肉洗净切丝，装碗，加入1克盐、生抽、料酒，拌匀，腌渍至入味。

3.锅中注油烧至七成热，下入面条炸至成金黄色时捞出，即成南炒面坯料；南炒面坯料蘸一下水，入蒸笼略蒸至变软，取出。

4.炒锅注油烧热，爆香蒜末，放入青椒、红椒、洋葱炒匀，加入猪里脊肉炒至变色，倒入面条翻炒匀，调入2克盐、生抽，盛出即可。

# 「肉丝炒面」 烹饪时间：11分钟

## 原料 Material

黄面 -------120 克
熟鸡肉 ----- 60 克
圆椒 ------- 40 克
葱花 ------- 少许
香菜叶 ------ 少许

## 调料 Seasoning

鸡粉 --------3 克
生抽 ------ 5 毫升
甜面酱 ------15 克
豆瓣酱 ------15 克
食用油 ------ 适量

## 做法 Make

**1.**洗净的圆椒切去头和尾，去子，切成细条；熟鸡肉切成条，待用。

**2.**锅中注入适量食用油，大火烧热，倒入豆瓣酱，炒出香味，再倒入切好的熟鸡肉、圆椒，翻炒均匀，放入甜面酱，炒拌一会儿，注入 10 毫升的清水，用锅铲搅拌均匀。

**3.**倒入备好的黄面，加入鸡粉、生抽，拌匀，放入少许葱花，充分炒匀，关火后将炒好的黄面盛入盘中，放上香菜叶即可。

# 「长子炒面」 烹饪时间：85分钟

## 原料 Material

面粉 --------- 250 克

粉条（干）-- 150 克

猪肉 --------- 200 克

蒜薹 --------- 100 克

白萝卜 ------- 100 克

葱花 ----------- 5 克

蒜末 ----------- 3 克

姜丝 ----------- 适量

## 调料 Seasoning

盐 ------------ 适量

酱油 ---------- 适量

醋 ------------ 适量

植物油 -------- 适量

## 做法 Make

**1.**白萝卜、猪肉均切丝；蒜薹切段；粉条放入水中泡发。

**2.**面粉加水，和成面团后醒 1 小时，搓成长条，再切成小块压扁，一面刷上油，用另一块面压在上边擀成饼状，入锅煎熟，再切成 0.5 厘米宽的条。

**3.**锅注油烧热，下肉丝煸炒，放姜丝、葱花、白萝卜丝和蒜薹略炒，放入酱油、盐、粉条炒匀，倒入少许开水，煮开后把切好的面条放在上边，用中火焖 3 分钟，倒入醋和蒜末炒匀即可。

# 「炒斜旗面」 烹饪时间：48分钟

## 原料 Material

面粉 ------ 250 克
鸡蛋 --------- 2 个
番茄 --------- 1 个
西葫芦 ----- 100 克
蒜苗 --------- 2 颗
葱花 ------- 适量
蒜片 --------- 适量

## 调料 Seasoning

酱油 ------ 8 毫升
盐 ----------- 2 克
鸡粉 --------- 2 克
蒜醋汁 ------ 适量
鲜汤 -------- 适量
食用油 ------ 适量

## 做法 Make

1.食材均洗净；番茄切块；西葫芦切片；蒜苗斜刀切段。
2.面粉加温水和好，揉成面团，醒发后擀成面皮，再切菱形片，即为斜旗面坯。
3.锅中注水烧开，倒入面坯，大火煮约10分钟至熟软，捞出。
4.蛋液入油锅炒成蛋块，盛出。
5.另起锅注油烧热，爆香葱花、蒜片，放入西葫芦和番茄炒熟，调入鲜汤、酱油、盐、鸡粉，放入斜旗面、鸡蛋、蒜苗、蒜醋汁，炒匀，盛出即可。

# 「酒窝面」 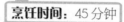 烹饪时间：45 分钟

看视频学面食

## 原料 Material

面粉 ------ 250 克
胡萝卜 ----- 60 克
香菇 ------- 25 克
去皮南瓜 --- 70 克
毛豆 ------- 适量
大葱段 ------ 适量
香菜叶 ------ 少许

## 调料 Seasoning

盐 ---------- 2 克
鸡粉 --------- 1 克
黑胡椒粉 ----- 1 克
生抽 ------ 3 毫升
食用油 ------ 适量

**做法** Make

**1.** 将洗净的香菇去蒂，切碎；洗净去皮的胡萝卜切丁；洗净去皮的南瓜切丁。

**2.** 将面粉倒在案板上开窝，倒入120毫升温水，揉匀成面团，撒上少许面粉，用擀面杖擀成面片。

**3.** 将擀好的面片切成约1厘米宽的条，撒上一些面粉，抹匀，再切成丁。

**4.** 将小面丁放在手掌心，揉两下，用筷子较粗的一端将小面丁压成酒窝状，制成酒窝面，待用。

**5.** 锅中注入适量清水烧开，将酒窝面下入沸水锅中煮至熟软，捞出沥干水分，装入碗中。

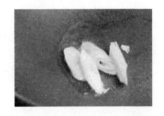

**6.** 炒锅注油烧热，倒入洗净的大葱段，大火爆香。

**7.** 倒入洗净的毛豆，炒匀，倒入胡萝卜、南瓜、香菇翻炒一会儿，倒入酒窝面炒匀。

**8.** 调入盐、鸡粉、黑胡椒粉、生抽，炒入味，盛出炒好的酒窝面，放上香菜叶即可。

**Chapter 3**

# 膨松柔软的
# 包子 · 馒头 · 花卷

包子、馒头、花卷等是极具营养的面类食品，本章就为大家详细地介绍这类食品的制作方法。鼓足干劲，随着本章中的具体案例，试着自己动手做出健康、可口的包子、馒头、花卷吧!

看视频学面食

# 「花生白糖包」

烹饪时间：84分钟

## 原料 Material

低筋面粉-- 500 克
酵母 ---------5 克
花生末----- 65 克
花生酱----- 20 克

## 调料 Seasoning

白糖 ------- 65 克
食用油------ 适量

## 做法 Make

**1.** 把面粉、酵母倒在案板上，混合均匀，用刮板开窝，加入 50 克白糖，再分数次倒入少许清水，揉搓一会儿，至面团纯滑。

**2.** 将面团放入保鲜袋中，包紧、裹严实，静置约 10 分钟，备用。

**3.** 把花生末装入碗中，加入15克白糖，放入备好的花生酱，调匀，制成馅料，待用。

**4.** 取适量面团，搓成长条形，摘数个剂子，待用，在案板上撒少许面粉，放上剂子压扁，再擀成中间厚、四周薄的面皮。

**5.** 再取来适量馅料，逐一放入面皮中。

**6.** 捏紧、收好口，制成花生包生坯；在备好的蒸盘上刷一层食用油。

**7.** 蒸锅放置在灶台上，放上蒸盘，放上花生包生坯。

**8.** 盖上盖子，静置约 1 小时，至花生包生坯发酵、胀开，打开火，水烧开后再用大火蒸约 10 分钟，至花生包熟透即成。

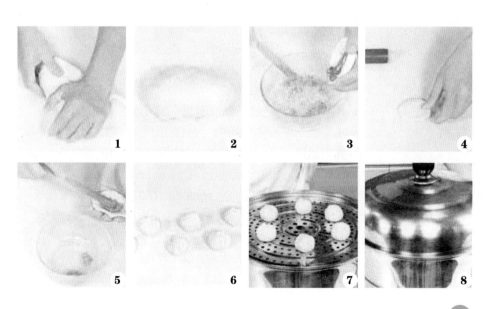

1　　2　　3　　4

5　　6　　7　　8

# 「玫瑰包」 烹饪时间：82 分钟

### 原料 Material

低筋面粉-- 500 克
酵母 ---------5 克
莲蓉 ------- 80 克
蛋清 -------- 适量

### 调料 Seasoning

白糖 ------- 50 克
食用油------ 适量

### 做法 Make

1.将面粉、酵母倒在案板上，混合均匀。

2.用刮板开窝，加入白糖，倒入适量清水，与面粉混合均匀，再倒入少许清水，拌匀，揉搓成面团。

3.继续揉搓，揉搓至面团纯滑，制成白色面团。

4.将面团放入保鲜袋中，包紧、裹严实，静置约 10 分钟。

5.取适量面团，搓成长条，分成两份，分别搓成细长面条。

6.用刮刀把面条切成剂子，把剂子压扁，擀成薄面皮。

7.取莲蓉，搓成圆锥状，在面皮上抹少许蛋清，放入莲蓉，包裹好，再一层层裹上面皮，重复操作数次，裹成玫瑰花形状，制成玫瑰包生坯。

8.将蒸盘刷上一层食用油，放上玫瑰包生坯，发酵1小时，开火，用大火蒸约 10 分钟，至玫瑰包熟透即可。

# 「刺猬包」 烹饪时间：55分钟

## 原料 Material

低筋面粉-- 500 克
酵母 --------5 克
莲蓉 -------100 克
黑芝麻------ 少许

## 调料 Seasoning

白糖 ------- 50 克
食用油------ 适量

## 做法 Make

**1.**将低筋面粉、酵母倒在案板上，混合均匀。

**2.**用刮板开窝，加入白糖，倒入清水，与面粉混合均匀，再倒入清水，拌匀，揉搓至面团光滑，制成白色面团。

**3.**将面团放入保鲜袋中，包紧、裹严实，静置约 10 分钟。

**4.**取面团，搓成长条，摘数个剂子，把剂子压扁，擀成面皮，将面皮卷起，对折，压成小面团，再擀成面饼。

**5.**将莲蓉搓成长条，摘数个莲蓉剂子，放入面饼中，收口捏紧，搓成球状，把面球搓成锥子形状，制成生坯。

**6.**蒸盘上刷食用油，放入锥子状生坯，放入锅中，发酵 10 分钟，取出，用小剪刀在其背部剪出小刺，做成刺猬包生坯。

**7.**将黑芝麻点在刺猬包生坯上，制成眼睛，再把生坯放入蒸锅中，发酵 20 分钟，再用大火蒸约 10 分钟即可。

看视频学面食

「寿桃包」 烹饪时间：25分钟

## 原料 Material

低筋面粉-- 500 克
酵母 ---------5 克
莲蓉 -------100 克
食用色素---- 少许

## 调料 Seasoning

白糖 -------- 适量
食用油------ 适量

## 做法 Make

**1.**将低筋面粉、酵母倒在案板上，混合均匀，用刮板开窝，加入白糖，倒入适量清水，与面粉混合均匀，再倒入少许清水，拌匀，揉搓成面团，继续揉搓至面团光滑，制成白色面团。

**2.**将面团放入保鲜袋中，包紧、裹严实，静置约 10 分钟，备用。

**3.**取适量面团，搓成均匀的长条，摘数个剂子，压扁，擀成面皮。

**4.**将面皮卷起，对折，压成小面团，把面团擀成中间厚四周薄的面饼。

**5.**将莲蓉搓成长条，摘数个莲蓉剂子，放入面饼中，收口、捏紧，搓成球状，把面球搓成桃子的形状，制成寿桃包生坯。

**6.**将蒸盘刷上一层食用油，放入寿桃包生坯，盖上盖，发酵 1 小时，开火，蒸约 10 分钟，至寿桃包生坯熟透。

**7.**关火后取出蒸熟的寿桃包，在中间压上一道凹痕。

**8.**撒上少许粉红食用色素即可。

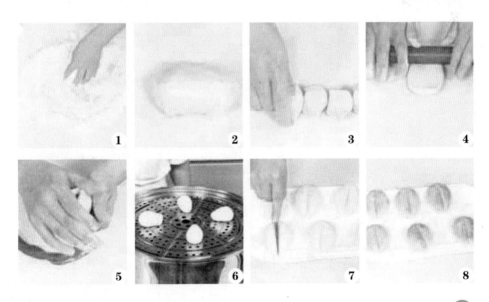

1　2　3　4
5　6　7　8

# 「豆沙包」 烹饪时间：42分钟

**原料 Material**

面粉 ------ 500 克

豆沙 ------- 150 克

酵母 --------- 5 克

泡打粉 ------- 5 克

猪油 ------- 20 克

**调料 Seasoning**

白糖 ------- 20 克

**做法 Make**

**1.**将泡打粉撒入面粉中，用刮刀开窝，加入白糖。酵母加少许清水、面粉，拌匀，将适量清水倒入窝中，加入拌好的酵母，用手搅匀。

**2.**刮入面粉，搅拌匀，使窝中的水与面粉黏合，加入清水，然后刮入没有被和匀的面粉，搅拌，揉搓。

**3.**继续加水，揉搓面团至光滑，加入猪油，揉搓均匀，至面团完全光滑。

**4.**用擀面杖把面团擀成面片，把面片对折，再擀平。

**5.**将面片卷起来，揉成均匀的长条，摘成数个大小相同的小剂子。

**6.**把剂子擀平，卷起，压成小面团，再擀成面饼，取豆沙，放入面饼中，收口捏紧，制成豆沙包生坯，再粘上一片油纸。

**7.**把豆沙包生坯放入蒸盘中，放入水温为 30℃的蒸锅里，发酵 30 分钟。

**8.**待包子生坯发酵好，大火蒸 8 分钟即可。

看视频学面食

# 「玉米包」 烹饪时间：140分钟

## 原料 Material

玉米面----- 70 克

面粉 ------- 95 克

玉米粒----- 70 克

牛奶 ----- 40 毫升

玉米叶----- 20 克

泡打粉----- 30 克

酵母粉----- 20 克

## 调料 Seasoning

食用油------ 适量

白糖 ------- 30 克

## 做法 Make

**1.** 取一个碗，倒入 90 克面粉，加入玉米面、泡打粉，再加入酵母粉、白糖、牛奶，搅拌均匀，加入少许食用油，搅拌均匀。

**2.** 将拌匀的面粉倒在案台上，揉搓片刻，制成面团，将面团装入碗中，用保鲜膜封住碗口，在常温下将面团发酵 2 个小时。

**3.** 撕开保鲜膜，将面团取出，手上沾上少许面粉，将面团揉成条，分成两份。

**4.** 再用擀面杖将面团擀成面皮，放入适量的玉米粒，将面皮卷成卷，包好。

**5.** 制成玉米状，用刀在表面划上网格花刀。

**6.** 往盘中撒上适量面粉，放入玉米包生坯。

**7.** 电蒸锅注水烧开，放入玉米包生坯。

**8.** 盖上锅盖，蒸 15 分钟至熟，取出玉米包，装饰上玉米叶即可。

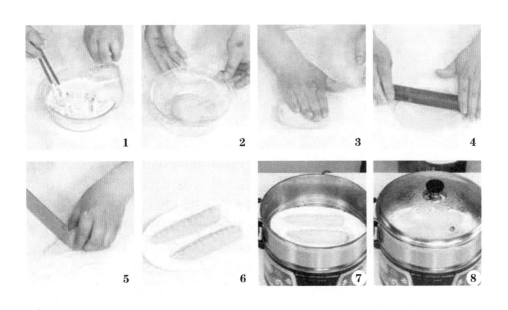

1    2    3    4

5    6    7    8

# 「 香菇油菜包子 」 烹饪时间：45分钟

## 原料 Material

面粉 ------ 450 克
油菜 ------ 300 克
干香菇 ----- 30 克
鸡蛋 ------- 80 克

## 调料 Seasoning

盐 ----------2 克
芝麻油 ---- 3 毫升
生抽 ----- 15 毫升
米酒 ----- 10 毫升
食用油 ------适量

## 做法 Make

**1.**油菜切碎装入碗中，加入盐揉搓腌渍20分钟，挤去多余的水分；香菇切碎；鸡蛋搅拌成蛋液。

**2.**热锅注油烧热，倒入蛋液，翻炒至凝固，盛出后切碎。

**3.**锅底留油，倒入香菇，淋入清水，加入生抽、米酒炒匀，待汁收干，盛入碗中放凉，再放入鸡蛋、油菜，淋入芝麻油。

**4.**面粉倒入碗中，注入清水，揉成光滑的面团，搓成粗条，切成大小均匀的剂子，在案板上撒上面粉，擀成包子皮。

**5.**取馅料放入面皮中央，由一处开始先捏出一个褶子，然后继续朝一个方向捏褶子，直至将面皮边缘捏完，收口，成包子生坯，用湿纱布盖起来，进行第二次饧发。

**6.**蒸锅内放入水，在蒸屉上刷一层薄油，放入生坯，大火蒸约18分钟后关火，等约3分钟后再打开锅盖，取出即可。

# 「地软包子」 烹饪时间：25分钟

## 原料 Material

韭菜 ------- 50克
胡萝卜 ----- 50克
油豆腐 ----- 30克
地皮菜 ------10克
虾米 -------- 10克
鸡蛋 ------- 110克
面粉 ------ 200克
酵母 --------- 3克

## 调料 Seasoning

盐 ---------- 3克
食用油 ------ 适量

## 做法 Make

**1.** 取一个碗放入地皮菜，注入适量清水浸泡几分钟，捞出沥干。

**2.** 备好一个碗，放入面粉、酵母，注入清水，搅拌均匀成面糊，放在案板上，揉压成面团，封上湿纱布，饧面10分钟。

**3.** 洗净的韭菜、油豆腐、胡萝卜分别切成碎，将鸡蛋磕入碗中，搅拌成蛋液。

**4.** 热锅注油烧热，放入鸡蛋液，炒至凝固状，盛出。

**5.** 热锅注油，放入鸡蛋碎、胡萝卜粒、虾米、油豆腐、地皮菜、盐，翻炒均匀，盛入碗中，放入韭菜碎。

**6.** 在案台上撒面粉，取出面团，搓成长条状，分成大小均等的剂子，擀成面皮。

**7.** 取馅料放入面皮中，折出褶子，做成包子。取出蒸屉，放入包底纸，放上包子，盖上盖，蒸12分钟至熟即可。

# 「白菜香菇素包子」 烹饪时间：160分钟

## 原料 Material

面粉 ------ 300克
酵母粉 ----- 20克
白菜 ------- 185克
香菇 ------- 70克
葱花 -------- 少许
姜末 -------- 少许

## 调料 Seasoning

盐 ----------- 3克
鸡粉 ---------- 2克
芝麻油 ---- 3毫升
五香粉 ------ 适量
食用油 ------ 适量

做法 Make

**1.**将白菜切碎，香菇切成丁。

**2.**将白菜碎装入碗中，撒入适量盐，拌匀，腌渍10分钟，挤去水分。

**3.**取一个碗，加入白菜碎、香菇丁、盐、鸡粉、芝麻油、五香粉、葱花、姜末拌匀，制成馅料。

**4.**取一个碗，放入面粉、酵母粉、清水，揉成面团，放入碗中，用保鲜膜包住碗口，静置发酵2个小时。

**5.**往案板上撒上适量的面粉，将揉好的面团揉搓成粗条，再切成剂子，擀成包子皮。

**6.**取适量馅料放在包子皮上，用手窝成一团。

**7.**将中间捏出一个个褶子将馅包住，制成包子；取一个盘子，抹上食用油。

**8.**电蒸锅注水烧开，断电，放入包子，用电蒸锅里的热气让包子发酵15分钟后，再蒸15分钟至熟透即可。

# 「腌菜豆干包子」 烹饪时间：26分钟

## 原料 Material

中筋面粉-- 950 克
小麦胚芽--- 50 克
酵母 ---------6 克
腌菜 ------ 200 克
豆干 -------100 克
葱 ---------- 适量
姜 ---------- 适量

## 调料 Seasoning

盐 ----------2 克
生抽 ----- 10 毫升
料酒 -------- 适量
五香粉------ 适量
芝麻油------ 适量

## 做法 Make

**1.**中筋面粉里加小麦胚芽、酵母、水，和成光滑的面团，放温暖处发酵至 2 倍大。

**2.**腌菜、豆干剁碎，加少量水、生抽、料酒搅拌，加五香粉、盐、葱、姜、芝麻油拌匀。

**3.**发好的面取出揉匀，分成小剂子。

**4.**取一个面剂子擀扁，放入馅料，包成包子。

**5.**蒸锅中加水，将包子放入，将水加热至 60℃关火，使包子二次发酵。

**6.**发好后开火，大火烧开后转中小火，20分钟后关火，3分钟后再打开锅盖取出。

# 「宝鸡豆腐包子」 烹饪时间：25分钟

## 原料 Material

面粉 ------ 600 克

酵母粉 ------- 9 克

豆腐 ------ 450 克

虾米 ------ 75 克

黄瓜 ------ 75 克

蒜薹 ------ 60 克

小葱 ------ 30 克

生姜 ------- 10 克

## 调料 Seasoning

盐 ----------- 5 克

黄酱 ------ 35 克

胡椒粉 ------- 2 克

碱粉 --------- 1 克

食用油 ------ 适量

## 做法 Make

**1.**豆腐切成丁，蒜薹切成小段，小葱切葱花，黄瓜切成丁，生姜切末。

**2.**往备好的碗中倒入豆腐丁、蒜薹、黄瓜、葱花、虾米、姜末，加入盐、胡椒粉、黄酱、食用油拌匀。

**3.**备好一个玻璃碗，倒入小麦面粉、酵母粉，倒入适量清水，拌匀，倒在面板上搓揉片刻。

**4.**往碱粉中注入清水，拌匀待用。

**5.**将碱水抹在面团上，开始揉面团，中途可以撒上面粉。

**6.**将面团揉成长条，扯成几个剂子，撒上面粉，擀成薄皮。

**7.**往面皮中放上馅料，朝着中心卷。

**8.**往蒸笼屉上刷上食用油，放上包子生坯，蒸10分钟即可。

# 「韭菜鸡蛋豆腐粉条包子」

**烹饪时间：** 145分钟

## 原料 Material

面粉 ------ 300克
无糖椰粉 --- 60克
牛奶 ----- 50毫升
酵母粉 ----- 20克
豆腐 ------- 70克
韭菜 ------- 100克
水发薯粉 --- 95克
鸡蛋液 ----- 60克

## 调料 Seasoning

盐 ----------- 3克
鸡粉 --------- 2克
花椒粉 ------- 2克
白糖 ------- 50克
食用油 ----- 适量
生抽 -------- 适量

## 做法 Make

**1.** 豆腐切丁，薯粉切碎，韭菜切碎；备好的鸡蛋液打散搅匀。

**2.** 热锅注油烧热，倒入鸡蛋液，翻炒松散。

**3.** 倒入豆腐丁，翻炒片刻，加入薯粉，快速翻炒匀，盛出待用。

**4.** 炒好的食材中加入韭菜、盐、鸡粉、花椒粉、食用油、生抽，搅拌匀，制成馅料。

**5.** 取一个碗，倒入面粉，放入酵母粉、无糖椰粉、白糖，拌匀，倒入牛奶、温开水，边倒边搅拌，揉成面团，用保鲜膜封住碗口，在常温下发酵2个小时。

**6.** 将面团揉匀，搓成长条，揪成5个大小一致的剂子，撒上面粉，将剂子压扁成饼状，擀成包子皮，在包子皮上放入馅料，边捏成一个个褶子。取蒸笼屉，将包底纸摆放在上面，放入包子生坯。电蒸锅注水烧开，放入笼屉，加盖，蒸15分钟至熟即可。

# 「水晶包」 烹饪时间：18分钟

看视频学面食

## 原料 Material

澄粉 -------100克
生粉 ------- 60克
虾仁 -------100克
肉末 -------100克
水发香菇--- 30克
胡萝卜----- 50克
猪油 --------5克

## 调料 Seasoning

盐 ----------4克
白糖 --------5克
生抽 ------ 5毫升
鸡粉 --------3克
胡椒粉------适量
芝麻油------适量
食用油------适量

## 做法 Make

1.香菇切成粒，胡萝卜去皮切成粒。

2.虾仁装入碗中，加入盐、白糖、生粉、食用油腌渍至其入味。

3.碗中倒入清水，将虾仁洗净，切成粒。

4.将肉末放入碗中，加入盐、生粉、生抽、清水、虾仁、鸡粉、白糖、胡椒粉、芝麻油、猪油、香菇、胡萝卜、拌匀成馅料。

5.将适量生粉放入装有澄粉的碗中，加入少许盐，分次倒入清水，拌匀，至其呈糊状，倒入开水烫至凝固，放入生粉、猪油，揉搓成面团，用保鲜膜将面团包好。

6.取面团，揉成长条，切成数个小剂子，擀成面皮。

7.取面皮，加入馅料，制成水晶包生坯，放入盘中。

8.将水晶包生坯放入蒸笼中，将蒸笼放入烧开的蒸锅中，用大火蒸8分钟至生坯熟透即可。

# 「豆角包子」 烹饪时间：135分钟

## 原料 Material

面粉 ------ 200 克
酵母粉 ------10 克
长豆角 -----125 克
猪肉末 ---- 200 克
葱花 ------- 30 克
姜末 -------- 少许

## 调料 Seasoning

盐 -----------2 克
鸡粉 ---------2 克
五香粉 -------2 克
胡椒粉 -------2 克
生抽 ------ 5 毫升

## 做法 Make

1.取大碗，倒入适量面粉，放入酵母粉，分次注入少许清水，稍稍搅拌。

2.将面粉倒在案台上进行揉搓，揉搓成纯滑的面团，将面团放入碗中，封上保鲜膜，放置温暖处发酵 2 小时。

3.洗净的豆角切成丁，装碗。

4.豆角丁中放入肉末、姜末、葱花，放入盐、鸡粉、五香粉、胡椒粉、生抽，搅成馅料。

5.在案台上撒少许面粉，取出发酵好的面团，搓成长条状。

6.将长条状面团分成数个剂子，擀成薄面皮。

7.取适量馅料放入面皮中，提起四周的面皮，折出褶子，制成包子。

8.取出蒸屉，放入包底纸，放上包子。电蒸锅注水烧开，放上蒸屉，盖上盖，蒸 10 分钟至熟即可。

1　　2　　3　　4

5　　6　　7　　8

# 「猪肉白菜馅大包子」 烹饪时间：40分钟

## 原料 Material

面粉 ------ 300 克
无糖椰粉 --- 60 克
牛奶 ----- 50 毫升
酵母粉 ----- 20 克
白菜 ------ 200 克
肉末 ------ 200 克
甜面酱 ----- 20 克
水发木耳 ---- 适量
葱花 -------- 适量
姜末 -------- 适量

## 调料 Seasoning

盐 ----------4 克
鸡粉 ---------2 克
花椒粉 -------3 克
食用油 ------ 适量
老抽 -------- 适量
白糖 ------- 50 克

## 做法 Make

**1.** 白菜切粒，木耳切碎。

**2.** 白菜中放入盐，拌匀，腌渍10分钟，挤去多余水分。

**3.** 取一个碗，倒入肉末、木耳、姜末、葱花，再放入甜面酱、白菜，加入盐、鸡粉、花椒粉、食用油、老抽，制成馅料。

**4.** 取一个碗，倒入面粉，放入酵母粉、无糖椰粉、白糖，拌匀，缓缓倒入牛奶，边倒边搅拌，倒入温开水，再次拌匀，揉成面团，用保鲜膜封住碗口，常温发酵。

**5.** 撕开保鲜膜，在案台上撒上适量面粉，放入面团。

**6.** 将面团揉匀，搓成长条，揪成剂子，撒上面粉，将剂子擀成包子皮，在包子皮上放入馅，制成包子生坯。

**7.** 取蒸笼屉，将包底纸摆放在上面，放入包子生坯。

**8.** 电蒸锅注水烧开，放上笼屉，加盖，蒸20分钟至熟即可。

# 「家常菜肉包子」 烹饪时间：30分钟

**原料 Material**

面粉 ------ 300 克
酵母粉 ----- 20 克
韭菜 -------100 克
猪肉末 -----135 克

**调料 Seasoning**

甜面酱 ----- 35 克
盐 ----------2 克
鸡粉 --------2 克
芝麻油 ---- 3 毫升
十三香 ------ 适量
食用油 ------ 适量

**做法 Make**

1.洗好的韭菜切碎，放入肉末中，再加入甜面酱、盐、鸡粉、芝麻油、十三香，搅拌均匀，制成馅料。

2.取一个碗，放入面粉、酵母粉、清水，拌匀，揉制成面团。

3.将面团放入碗中，用保鲜膜包住碗口，放室温下发酵。

4.往案板上撒上适量的面粉，将揉好的面团放在案板上，揉搓成粗条，再切成大小均匀的剂子。

5.用擀面杖将剂子擀成包子皮，取适量馅料放在包子皮上，用手窝成一团，捏出一个个褶子将馅包住，制成包子。

6.取一个盘子，抹上少许食用油，将包子放入，待用。

7.电蒸锅注水烧开，放入包子。

8.盖上锅盖，用电蒸锅里的热气将包子发酵约15分钟。

9.电蒸锅通上电，调转旋钮定时15分钟将包子蒸熟即可。

# 「咖喱鸡肉包子」 烹饪时间：25分钟

## 原料 Material

中筋面粉-- 300 克
鸡胸肉-----150 克
洋葱 ------- 60 克
胡萝卜----- 30 克
咖喱粉------ 适量
酵母 -------- 适量

## 调料 Seasoning

生抽 ------ 5 毫升
料酒 ------ 8 毫升
胡椒粉------3 克
盐 ----------4 克
食用油------ 适量

## 做法 Make

1. 鸡胸肉洗净切丝，洋葱洗净切丝，胡萝卜洗净去皮切丝。
2. 锅中注油烧热，放入鸡肉丝翻炒。
3. 加入洋葱丝、胡萝卜丝炒软，加入适量热水、盐、生抽、料酒、胡椒粉、咖喱粉，炒匀，加盖，煮至食材黏稠，关火盛出。
4. 面粉倒入碗中，将酵母溶于水中，倒入面粉里，揉搓成光滑面团，再搓成粗条，揪成大小均匀的剂子，擀成包子皮。
5. 取适量馅料放入面皮中央，沿边缘捏出一个个褶子，直至将面皮边缘捏完，收口，成包子生坯。
6. 做好的生坯用湿纱布盖起来，再静置进行第二次饧发。
7. 蒸锅内加入水，在蒸屉上刷一层薄油或垫上屉布，放入饧发好的生坯，大火蒸约18分钟后关火，等约3分钟再打开锅盖，取出即可。

# 「鲜虾小笼包」 烹饪时间：42分钟

**原料 Material**

中筋面粉-- 300 克
竹笋 ------ 200 克
虾仁 ------ 400 克
芹菜 -------100 克
酵母 ---------5 克

**调料 Seasoning**

生抽 ------ 8 毫升
料酒 ------ 5 毫升
米酒 ------ 4 毫升
芝麻油 ---- 3 毫升
食用油 ------ 适量

**做法 Make**

1.面粉倒入碗中，将酵母溶于水中，倒入面粉里，揉成光滑的面团，再搓成粗条，切成大小均匀的剂子，擀成包子皮。

2.竹笋去壳切碎；虾仁剁成小粒；芹菜去叶切碎。

3.热锅注油烧热，倒入竹笋，加入生抽、料酒、芹菜，翻炒均匀，倒入虾仁粒，加入米酒、芝麻油，拌匀成馅料。

4.取适量馅料放入面皮中央，沿边缘捏出一个个褶子，直至将面皮边缘捏完，收口，成包子生坯。

5.做好的生坯用湿纱布盖起来，再静置约 20 分钟进行第二次饧发。

6.蒸锅内放入适量的水，在蒸屉上刷一层薄油或垫上屉布，放入饧发好的生坯，大火蒸约 18 分钟后关火，等约 3 分钟再打开锅盖，取出即可。

# 「灌汤包」 烹饪时间：35分钟

## 原料 Material

皮冻 ------- 75 克

面粉 -------135 克

肉末 ------- 90 克

虾仁末 ----- 50 克

葱花 -------- 少许

姜末 -------- 少许

## 调料 Seasoning

盐 -----------2 克

鸡粉 ---------2 克

料酒 ------ 5 毫升

生抽 ------ 4 毫升

芝麻油---- 4 毫升

食用油------ 适量

## 做法 Make

1.备好的皮冻切片，再切成条，切方块。

2.取一个碗，倒入肉末、虾仁末、葱花、姜末，加入盐、鸡粉、料酒、生抽、芝麻油，搅拌匀，待用。

3.取一个碗，倒入 120 克面粉，注入适量清水，拌匀，将面粉倒在平板上，充分混合均匀，制成面团。

4.撒上少许面粉，将面团揉成长条，揪成 6 个大小均等的剂子。

5.将剂子压扁，用擀面杖擀成包子皮。

6.取适量肉馅放在包子皮上，再放上一块皮冻。

7.往中心折好，制成包子，将剩余的包子皮逐一制成包子。

8.取一个盘，抹上适量食用油，摆放好包子，放入烧开的电蒸锅中蒸 15 分钟至熟即可。

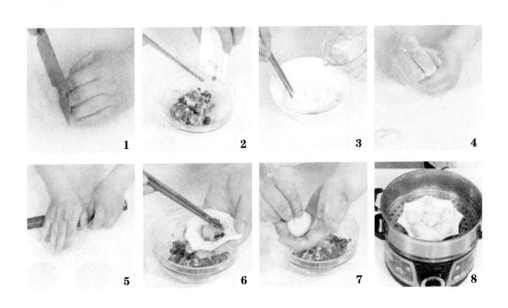

# 「极品鸡汁生煎包」 烹饪时间：80分钟

## 原料 Material

面粉 ------ 200 克
酵母 --------- 5 克
鸡肉末 ----- 50 克
瘦肉末 ----- 50 克
皮冻 ------- 100 克
鸡蛋液 ----- 30 克
生粉 ------- 20 克
葱花 --------- 4 克
姜末 --------- 4 克

## 调料 Seasoning

盐 ----------- 3 克
鸡粉 --------- 3 克
十三香粉----- 2 克
生抽 ------ 3 毫升
食用油 ------ 适量

## 做法 Make

**1.**将面粉倒入碗中，加入酵母，边注入清水边朝同一个方向搅拌，倒在台面上，撒上适量面粉，按压成面团。

**2.**将面团装入碗中，封上保鲜膜，饧面60分钟。

**3.**皮冻切片，切条，再切碎。

**4.**碗中放入鸡肉末、瘦肉末、鸡蛋液、皮冻、姜末、葱花、盐、鸡粉、生抽、十三香粉、生粉，制成馅料。

**5.**揭开保鲜膜，取出面团，揉成条状，揪成小块，撒上适量面粉，将小块面团压成面饼。

**6.**面饼撒上适量面粉，用擀面杖擀成包子皮。

**7.**包子皮上放入馅料，捏成包子状。

**8.**将包子放入热油锅中，注入适量清水，盖上盖，焖10分钟。

**9.**揭盖，取出包子，放至备好的盘中即可。

# 「玉米洋葱煎包」

 烹饪时间：13分钟

看视频学面食

## 原料 Material

肉末 ------- 75克

玉米粒 ----- 55克

洋葱末 ----- 30克

高筋面粉---150克

泡打粉------15克

酵母 --------5克

姜末 --------少许

黑芝麻------少许

## 调料 Seasoning

盐 ----------2克

鸡粉 --------少许

十三香------少许

老抽 ------ 2毫升

料酒 ------ 4毫升

食用油------适量

## 做法 Make

**1.**把高筋面粉装入碗中，倒入泡打粉、酵母，搅拌匀，再分次注入清水，搅拌匀，静置一会儿，再揉搓成纯滑的面团，待用。

**2.**取一小碗，倒入肉末、玉米粒、洋葱末、姜末，拌匀，加入盐、鸡粉，淋上老抽、料酒，撒上十三香，搅拌一会儿，再注入食用油，静置一会儿，制成馅料，待用。

**3.**取面团，搓成条形，分成数个小段。

**4.**擀成圆饼的形状，盛入馅料，收紧口，扭出螺旋状的花纹，再蘸上黑芝麻，制成煎包生坯，待用。

**5.**用油起锅，放入生坯，用中火煎出香味。

**6.**注入少许清水，大火煎一会儿。

**7.**盖上盖，用小火煎约10分钟，至其底部微黄即可。

# 「水煎包子」 烹饪时间：135 分钟

看视频学面食

## 原料 Material

面粉 ------ 300 克

无糖椰粉--- 60 克

牛奶 ----- 50 毫升

酵母粉----- 20 克

肉末 ------- 80 克

白芝麻----- 20 克

葱花 -------- 少许

姜末 -------- 少许

## 调料 Seasoning

白糖 ----- 50 毫升

盐 -----------3 克

鸡粉 ---------2 克

胡椒粉 ------2 克

五香粉-------2 克

生抽 ------ 5 毫升

料酒 ------ 5 毫升

食用油------ 适量

做法 Make

**1.** 取一个碗，倒入 250 克面粉，放入酵母粉、无糖椰粉、白糖，拌匀，缓缓倒入牛奶，边倒边搅拌。

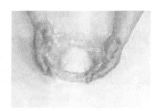

**2.** 倒入适量的温开水，再次搅拌匀，揉成面团，用保鲜膜封住碗口，常温发酵 2 个小时。

**3.** 碗中放入肉末、葱花、姜末、盐、鸡粉、胡椒粉、五香粉、生抽、料酒、食用油、清水，拌匀成馅料。

**4.** 撕开面团上的保鲜膜，在案台上撒上适量面粉，放入面团，将面团揉匀，搓成长条。

**5.** 揪成几个大小一致的剂子，撒上适量面粉，将剂子压扁成饼状，擀成包子皮。

**6.** 在包子皮上放入适量馅料。

**7.** 将包子边捏出一个个褶子，制成包子生坯。

**8.** 热锅注油烧热，放入包子生坯，沿着锅边倒入清水，在包子生坯上撒上白芝麻，大火煎 10 分钟至水分收干即可。

# 「南瓜馒头」 烹饪时间：90 分钟

看视频学面食

## 原料 Material

熟南瓜---- 200 克
低筋面粉-- 500 克
酵母 --------5 克

## 调料 Seasoning

食用油------ 适量
白糖 ------- 50 克

## 做法 Make

**1.**将低筋面粉、酵母倒在案板上，混合匀，用刮板开窝，放入备好的白糖，倒入熟南瓜搅拌均匀，至南瓜成泥状。

**2.**再分数次加入清水反复揉搓，至面团光滑，制成南瓜面团，放入保鲜袋中，静置约 10 分钟。

**3.**取来备好的南瓜面团，取下保鲜袋，搓成长条形。

**4.**再切成数个剂子，即成馒头生坯。

**5.**取一个干净的蒸盘，刷上一层食用油，再摆放好馒头生坯。

**6.**蒸锅放置在灶台上，注入适量清水，再放入蒸盘。

**7.**盖上锅盖，静置约 1 小时，使生坯发酵、胀开。

**8.**打开火，水烧开后再用大火蒸约 10 分钟，至食材熟透。

**9.**关火后揭开盖，取出南瓜馒头，放在盘中，摆好即可。

# 「刀切馒头」  烹饪时间：50分钟

看视频学面食

## 原料 Material

低筋面粉-- 500 克

泡打粉-------8 克

猪油 ---------5 克

酵母 ---------5 克

## 调料 Seasoning

细砂糖-----100 克

## 做法 Make

**1.** 将低筋面粉倒在操作台上，用刮板开窝。

**2.** 将细砂糖、酵母倒在水中。

**3.** 将泡打粉倒入低筋面粉中，拌匀，用刮板开窝。

**4.** 把酵母、细砂糖搅拌均匀，分 3 次倒入低筋面粉中，将材料搅拌匀，揉搓成面团。

**5.** 把猪油放到面团中间，将其揉搓成纯滑的面团。

**6.** 用刀将面团切开，将其中一个揉搓成长条状，再切成大小均等的小馒头。

**7.** 将切好的小馒头放入蒸盘，自然发酵 40 分钟。

**8.** 蒸锅中注入适量清水烧开，放入发酵好的馒头，加盖，大火蒸 4 分钟至熟，关火后将蒸好的馒头取出，装入盘中即可。

# 「开花馒头」 烹饪时间：200分钟

## 原料 Material

面粉 ------ 385 克
熟紫薯片 --- 80 克
熟南瓜块 ---100 克
菠菜汁 --- 50 毫升
酵母粉 ------15 克

## 做法 Make

**1.**取一个碗，倒入 110 克面粉，放入 5 克酵母粉、菠菜汁，搅拌均匀。

**2.**倒在平板上，揉搓制成菠菜面团，放回到碗中，用保鲜膜封住，常温发酵 2 个小时。

**3.**另取一个碗，倒入面粉，放入 10 克酵母粉，注入清水，搅拌片刻，将面粉倒在面板上，揉搓制成面团，放回到碗中，用保鲜膜封住，常温发酵 1 个小时。

**4.**把南瓜、紫薯分别装入保鲜袋内压成泥，倒入盘中。取一半面团放在平板上，撒上面粉，放入紫薯泥，制成紫薯面团；另一半制成南瓜面团。

**5.**将菠菜面团取出放在平板上，撒上面粉，将菠菜面团揉成长条，分成 4 个大小均等的剂子，压扁，擀成面皮。

**6.**将南瓜面团、紫薯面团分别仿照菠菜面团的步骤擀成面皮。将菠菜面皮卷成一团，用南瓜面皮将其包住，再将紫薯面皮包在最外层，将口捏紧。

**7.**在光滑的顶部切十字花刀。

**8.**在盘中撒上面粉，放入馒头，放入电蒸锅中，蒸 10 分钟即可。

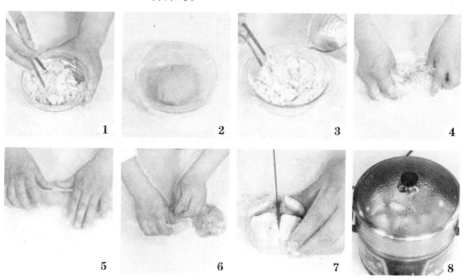

1　　2　　3　　4

5　　6　　7　　8

# 「麦香馒头」

烹饪时间：70分钟

看视频学面食

## 原料 Material

低筋面粉-- 630 克

全麦粉-----120 克

泡打粉------13 克

酵母 ------- 7.5 克

猪油 ------- 40 克

## 调料 Seasoning

白糖 -------150 克

## 做法 Make

**1.** 将低筋面粉倒在操作台上，开窝，倒上全麦粉，放入白糖。

**2.** 把泡打粉、酵母倒在面粉上，倒入水，慢慢拌匀，并将周边面粉拌匀。

**3.** 用手按压揉匀，加入猪油，慢慢揉成面团，用擀面杖将面团擀平。

**4.** 将面皮从一端开始卷起，揉搓成长条状，用刀切成约3厘米长的段。

**5.** 垫上包底纸，放入蒸笼，使其自然发酵60分钟。

**6.** 把蒸笼放入烧开的蒸锅中，盖上盖，用大火蒸5分钟至熟。

**7.** 揭盖，取出蒸好的麦香馒头，装入盘中即可。

# 「甘笋馒头」 烹饪时间：68分钟

**原料 Material**

低筋面粉---- 500 克
胡萝卜汁-- 150 毫升
泡打粉--------7 克
酵母 ----------5 克

**调料 Seasoning**

白糖 --------100 克

**做法 Make**

**1.** 把低筋面粉倒在案台上，用刮板开窝。

**2.** 将泡打粉倒在面粉上，把白糖倒入窝中。

**3.** 酵母加少许胡萝卜汁，调匀。

**4.** 倒入窝中，分数次加入少许胡萝卜汁，混合均匀，揉搓成面团。

**5.** 取适量面团，搓成宽度均匀的长条状，切数个大小均等的馒头生坯。

**6.** 蒸笼放入包底纸，放入生坯，发酵 1 小时。

**7.** 把发酵好的生坯放入烧开的蒸锅，加盖，大火蒸 5 分钟。

**8.** 揭盖，把蒸好的馒头取出即可。

# 「红糖馒头」 烹饪时间：80分钟

看视频学面食

## 原料 Material

低筋面粉-- 500 克
泡打粉-------5 克
酵母 ---------5 克

## 调料 Seasoning

红糖 -------150 克

## 做法 Make

1. 锅中注适量清水烧开，倒入红糖，搅拌，煮至溶化。
2. 将红糖水盛出，装于碗中，待用。
3. 把低筋面粉倒在案台上，用刮板开窝，加入泡打粉，混合均匀，放入酵母，加入一半红糖水，搅匀，刮入面粉，混合均匀。
4. 分数次加入剩余的红糖水，混合成面糊，揉搓成面团。
5. 把面团装入碗中，用保鲜膜封好，发酵1小时，面团发酵至两倍大，去掉保鲜膜。
6. 取适量面团置于案台上，搓成长条状，揪成数个大小均等的剂子，将剂子压扁，用擀面杖将剂子擀成圆饼状，捏成三角包状，向中心聚拢，捏成橄榄状，制成生坯。
7. 生坯各粘上一张包底纸，放入烧开的蒸锅里，加盖，大火蒸8分钟至熟，把蒸好的馒头取出即可。

# 「花生卷」 烹饪时间: 95分钟

看视频学面食

### 原料 Material

低筋面粉-- 500 克
酵母 ---------5 克
花生酱----- 20 克
花生末----- 30 克

### 调料 Seasoning

食用油------ 适量
白糖 ------- 50 克

### 做法 Make

1.把低筋面粉、酵母倒在案板上，混合均匀，用刮板开窝，加入白糖，再分数次倒入少许清水，揉搓一会儿，至面团纯滑。

2.将面团放入保鲜袋中，包紧、裹严实，静置约 10 分钟。

3.取适量面团，揉搓成长条，压扁，擀成面皮。

4.将面皮修成正方形，刷上食用油，均匀地抹上花生酱，再撒上花生末，对折，压平，再分成 4 个均等的面皮。

5.将面皮对折，拉长，捏紧两端，扭转成螺纹形，再将两端合起来、捏紧，依此做完余下的面皮，制成花生卷生坯。

6.在备好的蒸盘上刷一层食用油，摆放上花生卷生坯。

7.蒸锅放置在灶台上，放入蒸盘，盖上盖，静置约 1 小时，至花生卷生坯发酵、涨开，再大火蒸约 10 分钟，至花生卷熟透即成。

# 「花卷」 烹饪时间：150分钟

## 原料 Material

面粉 ------ 250 克
酵母粉 -------5 克

## 调料 Seasoning

盐 -----------3 克
鸡粉 ---------2 克
五香粉 ------3 克
白糖 --------10 克
食用油 ------ 适量

## 做法 Make

**1.** 取一个碗，倒入 230 克面粉，放入酵母粉、白糖，注入适量的清水，搅匀。

**2.** 倒至案台上，揉搓成面团，将面团装入碗中，用保鲜膜封口，在常温下发酵 2 小时至面团松软。

**3.** 撕去保鲜膜，将面团取出再撒上少许的面粉，揉搓成粗条，再撒些许面粉，用擀面杖将其擀成面皮。

**4.** 淋入适量食用油，撒上盐、鸡粉、五香粉，抹匀。

**5.** 撒上适量面粉，如折扇面样折叠起来，拉长。

**6.** 用刀切成长度一致的长段。

**7.** 将长段两端用手捏住，粘牢，制成花卷生坯。

**8.** 将剩下的面团逐一如上制成花卷生坯。电蒸锅注水烧开，放入花卷生坯，盖上锅盖，调转旋钮定时 15 分钟至蒸熟即可。

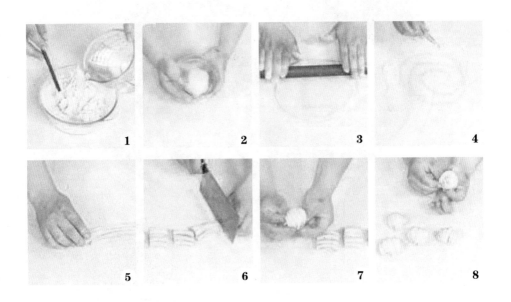

1　　2　　3　　4

5　　6　　7　　8

看视频学面食

# 「紫薯花卷」 烹饪时间：150分钟

## 原料 Material

面粉 ------ 250 克
酵母粉 -------5 克
白糖 --------10 克
熟紫薯 -----100 克

## 调料 Seasoning

食用油 ------ 适量

## 做法 Make

**1.**取一个碗，倒入 230 克面粉，放入酵母粉、白糖，注入清水，搅匀，再倒在案台上，揉搓成面团。

**2.**将面团装入碗中，用保鲜膜封住碗口，常温下发酵 2 小时。

**3.**将熟紫薯装入保鲜袋，用擀面杖擀成泥。

**4.**撕开保鲜膜，将发酵好的面团取出，撒上些许面粉，将面团压扁成饼状，放入紫薯泥，揉均匀。

**5.**撒些许面粉，用擀面杖将其擀成面皮，淋上适量食用油，抹匀。

**6.**将面皮卷起来，向两边拉长，用刀切成长度一致的长段，将长段两端叠起，向两边拉长。

**7.**卷成麻花状，转一圈将两端粘牢，制成花卷生坯。

**8.**电蒸锅注水烧开，放入花卷生坯，盖上锅盖，蒸 15 分钟至熟即可。

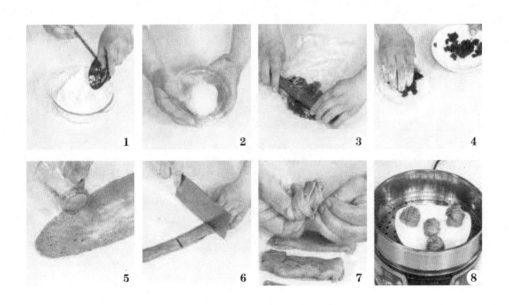

# 「双色卷」 烹饪时间：110分钟

看视频学面食

## 原料 Material

低筋面粉- 1000 克
酵母 --------10 克
白糖 -------100 克
熟南瓜---- 200 克

## 调料 Seasoning

食用油------ 适量

做法 Make

**1.** 取500克低筋面粉、5克酵母，倒在案板上混匀，用刮板开窝，加入白糖。

**2.** 分数次倒入清水，揉至白色面团纯滑。将白色面团放入保鲜袋中，静置约10分钟。

**3.** 取500克低筋面粉和5克酵母，倒在案板上，混合匀，加入白糖、熟南瓜、清水，制成南瓜面团。

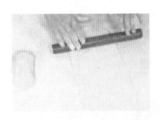

**4.** 把南瓜面团放入保鲜袋中，静置约10分钟。分别取白色面团、南瓜面团，擀平、擀匀。

**5.** 把南瓜面团叠在白色面团上，放整齐，再压紧，擀成面片，在面片上刷食用油。

**6.** 沿面片的中间将两边对折两次，再分成4个等份的剂子。

**7.** 在剂子的中间压出一道凹痕，沿凹痕对折，把两端拉长，扭成"S"形，再把两端捏在一起，制成双色卷生坯。

**8.** 蒸锅置于灶台上，注入清水，放入双色卷生坯，静置发酵约1小时再大火蒸约10分钟，至双色卷生坯熟透即可。

# 「葱花肉卷」

烹饪时间：95分钟

## 原料 Material

低筋面粉-- 500 克
酵母 ---------5 克
肉末 -------120 克
葱花 -------- 少许

## 调料 Seasoning

盐 ----------2 克
鸡粉 ---------2 克
白糖 ------- 50 克
老抽 ------ 2 毫升
料酒 ------ 3 毫升
生抽 ------ 3 毫升
食用油------ 适量

## 做法 Make

**1.**把低筋面粉、酵母倒在案板上，混合均匀，用刮板开窝，加入白糖。

**2.**分数次倒入清水，揉一会儿，至面团纯滑。将面团放入保鲜袋中，包紧、裹严实，静置约 10 分钟，备用。

**3.**用油起锅，倒入肉末，翻炒匀，至肉质松散，加入盐、白糖、鸡粉，淋上料酒、生抽，炒匀、炒透，再滴入老抽，快速翻炒至肉末熟透，盛出待用。

**4.**取面团，揉搓成长条，压扁，擀成面皮，将边缘修整齐，切成方形面皮，在面皮上抹一层食用油。

**5.**放入炒好的馅料，均匀地撒上葱花。

**6.**把面皮对折两次，分切成 4 个小面块，取一个小面块，压上一道凹痕。

**7.**捏紧两端，沿凹痕拉长，扭成 "S" 形。

**8.**把两端捏在一起，即成肉卷生坯，放入刷油的蒸盘中，静置约 1 小时，大火蒸约 10 分钟，至肉卷熟透即可。

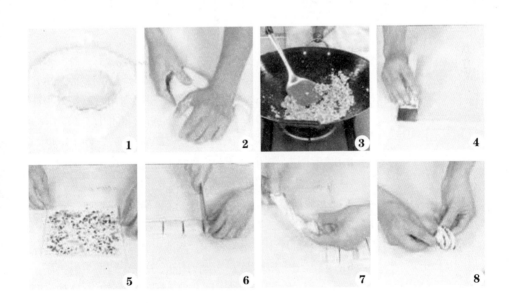

# 「火腿香芋卷」 烹饪时间：95分钟

看视频学面食

## 原料 Material

低筋面粉-- 500 克
酵母 ---------5 克
火腿条-----100 克
香芋条-----100 克

## 调料 Seasoning

白糖 ------- 50 克
食用油------ 适量

## 做法 Make

**1.**将低筋面粉、酵母倒在案板上，混合均匀，用刮板开窝，加入白糖，倒入适量清水，与面粉混合均匀，再倒入少许清水，拌匀，揉搓至面团纯滑，制成白色面团。

**2.**将面团放入保鲜袋中，包紧、裹严实，静置约 10 分钟。

**3.**热锅注油，烧至五成热，倒入香芋条，炸至其熟透，捞出炸好的香芋条，沥干油，备用。

**4.**把火腿条放入油锅中，炸出香味，捞出，沥干油。

**5.**将面团搓成长条，擀成面皮，切成四片。把香芋条和火腿条放在面片上，卷起裹好，制成火腿香芋卷生坯。

**6.**在蒸盘上均匀地刷上一层食用油，放入火腿香芋卷生坯。

**7.**盖上盖，发酵 1 小时，打开火，用大火蒸约 10 分钟，至其熟透，取出装盘即可。

# 「腊肠卷」 烹饪时间：95分钟

看视频学面食

## 原料 Material

低筋面粉-- 500 克
酵母 --------5 克
腊肠段-----120 克

## 调料 Seasoning

食用油------ 适量
白糖 ------- 50 克

## 做法 Make

1.将低筋面粉、酵母倒在案板上，混合匀。

2.用刮板开窝，加入备好的白糖，再分数次加入适量清水，反复揉搓，制成面团，至面团光滑。

3.把面团放入保鲜袋中，包裹好，静置约 10 分钟，备用。

4.取来面团，去除保鲜袋，搓成长条状，分成数个剂子，再把剂子搓成两端细、中间粗的面卷，待用。

5.取来腊肠段，逐一卷上面卷，做好造型，即成腊肠卷生坯。

6.取来备好的蒸盘，刷上一层食用油，再摆放好腊肠卷生坯。

7.蒸锅置于灶台上，注入适量清水，再放入蒸盘。

8.盖上锅盖，静置约 1 小时，使生坯发酵、胀开。

9.开火，水烧开后用大火蒸约 10 分钟，至食材熟透即可。

# 「黑豆玉米窝头」 烹饪时间：55分钟

## 原料 Material

黑豆末 ---- 200 克
面粉 ------ 400 克
玉米粉 ---- 200 克
酵母 --------- 6 克

## 调料 Seasoning

盐 ----------- 2 克
食用油 ------ 少许

**做法** Make

**1.** 碗中倒入玉米粉、面粉，加入黑豆末，搅拌匀。

**2.** 倒入酵母，混合均匀，放入盐，搅拌匀。

**3.** 倒入少许温水，搅匀，揉成面团，在面团上盖上干净毛巾，静置10分钟饧面。

**4.** 取走毛巾，把面团搓至纯滑。

**5.** 将面团搓成长条。

**6.** 切成大小相等的小剂子。取蒸盘，刷上少许食用油。

**7.** 把剂子捏成锥子状，用手掏出一个窝孔，制成窝头生坯。

**8.** 把窝头生坯放入蒸盘中发酵15分钟，再用大火蒸15分钟，至窝头熟透即可。

# Chapter 4

# 皮薄馅多的饺子·云吞·锅贴

饺子、云吞、锅贴是中国的特色食品之一，做法很多变，吃法上更是花样繁多。本章将给大家展示饺子、云吞的各式吃法，让您可以根据自己的饮食习惯、风味爱好等，做出适合您和家人的美味佳肴。

# 「紫苏墨鱼饺」 烹饪时间：45分钟

## 原料 Material

面粉 ------ 500 克

墨鱼 ------ 400 克

虾仁 ------ 200 克

猪肥油 ----- 50 克

海带 ------- 20 克

鲜紫苏叶---100 克

葱花 -------10 克

姜蓉 --------10 克

## 调料 Seasoning

盐 -----------3 克

鸡粉 ---------2 克

芝麻油------ 适量

胡椒粉------ 适量

## 做法 Make

1.案台上倒入面粉,加入适量清水充分拌匀,倒在台面上,揉成面团。

2.将面团搓成长条,揪成小剂子,用擀面杖擀成饺子皮,待用。

3.泡发好的海带切碎;紫苏切成细丝;墨鱼剁成泥;虾仁剁成虾泥。

4.墨鱼肉、虾泥、猪肥油、葱花、姜蓉倒入碗中,加入所有调料,单向充分拌匀后放入冰箱冷藏20分钟。将紫苏、海带倒入肉馅中,搅拌匀即成馅料。

5.在饺子皮上放入馅料。

6.用水在饺子皮的边缘上划半圈,捏出褶皱至整个饺子包好。

7.制作成紫苏墨鱼饺生坯。

8.锅中注水烧开,倒入饺子生坯拌匀煮开,再倒入少许清水再次煮开,煮至饺子完全浮起即成。

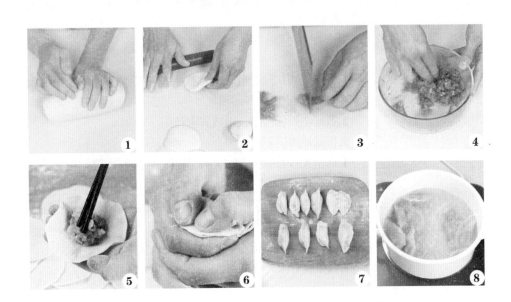

# 「素三鲜饺子」 烹饪时间：35分钟

## 原料 Material

冬笋 ------- 50 克
香菇 ------- 50 克
鸡蛋 ---------3 个
饺子皮------ 适量

## 调料 Seasoning

盐 ---------- 适量
鸡粉 -------- 适量
芝麻油------ 适量
食用油------ 适量

## 做法 Make

**1.** 冬笋剥壳切片，放入开水锅中煮约 10 分钟，水中最好放少量盐一起煮。

**2.** 煮好冬笋后捞出，剁成碎末备用。

**3.** 香菇焯水后剁成碎末。

**4.** 鸡蛋加少许盐打匀，入油锅翻炒，最好炒碎一点儿，这样容易拌馅。

**5.** 将冬笋末、香菇末、碎鸡蛋放一起，加入盐、鸡粉、芝麻油，拌匀入味。

**6.** 馅料拌好后放置约半个小时就可以包入饺子皮中。

**7.** 锅里烧开水，倒入包好的饺子，煮熟即可。

# 「肉末香菇水饺」

**烹饪时间：** 26分钟

## 原料 Material

肉末 -------170 克
姜末 -------- 少许
葱花 -------- 少许
熟白芝麻-----5 克
香菇 ------- 60 克
饺子皮-----135 克

## 调料 Seasoning

盐 -----------3 克
鸡粉 ---------3 克
生抽 ------ 5 毫升
花椒粉------3 克
芝麻油---- 5 毫升
食用油------ 适量

## 做法 Make

**1.** 香菇切丁，沸水焯至断生，捞出香菇丁，沥干水待用。

**2.** 往肉末中倒入香菇丁、姜末、葱花、熟白芝麻。

**3.** 加入盐、鸡粉、生抽、花椒粉、芝麻油、食用油，拌匀入味，制成饺子馅料。

**4.** 备好一碗清水，用手指蘸上适量水，往饺子皮边缘涂抹一圈。

**5.** 往饺子皮上放适量馅料，将饺子皮两边捏紧。

**6.** 其他的饺子皮都采用相同方法制成饺子生坯，放入盘中待用。

**7.** 锅中注入适量清水烧开，倒入饺子生坯，煮开后再煮3分钟。

**8.** 加盖，用大火煮2分钟，至其上浮，捞出入盘即可。

# 「白菜猪肉馅饺子」 烹饪时间: 26分钟

看视频学面食

## 原料 Material

白菜 -------100 克
饺子皮-----100 克
肉末 ------- 90 克
姜末 ------- 少许
葱花 ------- 少许

## 调料 Seasoning

盐 -----------3 克
鸡粉 ---------3 克
花椒粉 -------3 克
生抽 ----- 5 毫升
芝麻油 ---- 5 毫升
食用油------ 适量

**做法** Make

**1.**白菜切碎装碗，撒上盐，拌匀，腌渍10分钟后倒入滤网中，将多余的水分挤出。

**2.**往肉末中倒入白菜碎、姜末、葱花，拌匀。

**3.**撒上盐、花椒粉、生抽、食用油、芝麻油，拌匀入味，制成馅料。

**4.**备好一碗清水，用手指蘸上适量的清水，往饺子皮边缘涂抹一圈。

**5.**往饺子皮上放入馅料，在饺子皮边缘捏制出褶子。

**6.**挤压在一起，让饺子皮边缘相互粘连，制成生坯。

**7.**锅中注水烧开，倒入饺子生坯，拌匀，煮开后再煮3分钟。

**8.**加盖，用大火煮2分钟，至其上浮，盛出即可。

# 「青菜水饺」 烹饪时间：10分钟

### 原料 Material

青菜 ------- 70克
饺子皮 ----- 90克
葱花 -------- 少许

### 调料 Seasoning

盐 ----------- 3克
鸡粉 --------- 3克
五香粉 ------- 3克
生抽 ------ 5毫升
食用油 ------ 适量

### 做法 Make

1.青菜切碎倒入碗中，加葱花，撒上盐、鸡粉、五香粉。

2.淋上食用油、生抽拌匀，制成馅料。

3.备好一碗清水，用手指蘸上清水，在饺子皮的边缘涂抹一圈。

4.往饺子皮上放上少许的馅料，将饺子皮对折，两边捏紧。

5.锅中注入适量清水烧开，放入饺子生坯。

6.待其再次煮开，拌匀，再煮3分钟。

7.加盖，用大火煮2分钟，至其上浮，捞出饺子，盛入盘中即可。

# 「四季豆虾仁饺子」 烹饪时间：40分钟

## 原料 Material

虾仁 ------ 300 克
肥猪油 ----- 50 克
四季豆 ---- 200 克
葱花 -------- 10 克
姜蓉 ---------- 适
饺子皮 ------ 适量

## 调料 Seasoning

料酒 ----- 10 毫升
芝麻油 ---- 3 毫升
胡椒粉 ------- 3 克
盐 ----------- 4 克
鸡粉 -------- 适量

## 做法 Make

1.四季豆切小段；虾仁去壳，剁成虾泥。
2.虾仁、肥猪油、葱花、姜蓉倒入碗中，倒入全部调味料。
3.同向搅拌匀后放入冰箱冷藏 30 分钟。
4.将切好的四季豆放入肉馅中，充分搅拌即成馅料。
5.在饺子皮上放入适量的馅料，再用水在饺子皮上划半圈。
6.捏出褶皱至整个饺子包好。
7.锅中注水烧开，倒入饺子拌匀煮至开。
8.倒入少许清水再次煮开，煮至饺子完全浮起即成。

# 「韭菜鲜肉水饺」 烹饪时间：20分钟

**原料 Material**

韭菜 ------- 70 克

肉末 ------- 80 克

饺子皮 ----- 90 克

葱花 ------- 少许

**调料 Seasoning**

盐 -----------3 克

鸡粉 ---------3 克

五香粉 -------3 克

生抽 ------ 5 毫升

食用油 ------ 适量

**做法 Make**

1.洗净的韭菜切碎。

2.往肉末中倒入韭菜碎、葱花，撒上盐、鸡粉、五香粉，淋上食用油、生抽。

3.拌匀入味，制成馅料。

4.备好一碗清水，用手指蘸上少许清水，在饺子皮边缘涂抹一圈。

5.往饺子皮上放上少许的馅料，将饺子皮对折，两边捏紧，制成饺子生坯，放入盘中待用。

6.锅中注水烧开，放入饺子生坯。

7.煮开，拌匀，再煮 3 分钟。

8.加盖，用大火煮 2 分钟，至其上浮，捞出饺子，盛入盘中即可。

1    2    3    4

5    ⑥    ⑦    ⑧

# 「丝瓜虾仁饺子」 烹饪时间：35分钟

## 原料 Material

虾仁 ------ 300 克

肥猪油 ----- 50 克

丝瓜 ------ 250 克

干贝 ------- 30 克

葱花 -------- 10 克

姜蓉 -------- 适量

饺子皮 ------ 适量

## 调料 Seasoning

料酒 ----- 10 毫升

芝麻油 ---- 3 毫升

胡椒粉 ------- 3 克

盐 ----------- 4 克

鸡粉 -------- 适量

## 做法 Make

1. 丝瓜去皮切成小粒；虾仁去壳，剁成虾泥。
2. 丝瓜内放入盐，拌匀腌渍片刻，挤去多余水分。
3. 干贝放入开水中，浸泡软后捞出捏碎。
4. 虾仁、肥猪油、葱花、姜蓉倒入碗中，倒入全部调味料。
5. 单向搅拌匀后放入冰箱冷藏 20 分钟。
6. 将丝瓜、干贝丝放入肉馅中，充分搅拌即成馅料。
7. 在饺子皮上放入适量的馅料，再用水在饺子皮上划半圈。
8. 捏出褶皱至整个饺子包好。
9. 锅中注水烧开，倒入饺子拌匀煮开。
10. 倒入少许清水再次煮开，煮至饺子完全浮起即成。

# 「鲜汤小饺子」 烹饪时间：8分钟

## 原料 Material

饺子皮-------5 张
猪肉末-----100 克
紫菜 -------适量
虾皮 -------适量
葱花 -------适量

## 调料 Seasoning

盐 ---------适量
食用油------适量
芝麻油------适量

## 做法 Make

**1.**取一干净大碗，倒入猪肉末，加适量盐、食用油、芝麻油调成馅料。

**2.**取一张饺子皮，放入馅料，在饺子皮边缘蘸水，包好，制成饺子生坯。

**3.**锅中注入适量清水烧沸，加适量盐。

**4.**下入饺子生坯，煮至饺子上浮。

**5.**碗中放入适量紫菜、虾皮。

**6.**将饺子盛入碗中，倒入适量饺子汤，撒上葱花即可。

# 「翡翠白菜饺」 烹饪时间：9分钟

## 原料 Material

面粉 ------ 500 克

猪肉馅 ---- 300 克

葱 ---------- 15 克

姜 ---------- 5 克

白菜 ------ 200 克

菠菜叶 ----- 150 克

## 调料 Seasoning

盐 ---------- 适量

芝麻油 ------ 适量

蚝油 -------- 适量

花椒粉 ------ 适量

生抽 -------- 适量

鸡粉 -------- 适量

植物油 ------ 适量

## 做法 Make

**1.** 菠菜叶打成菠菜泥，然后用 200 克面粉加适量菠菜泥和成绿色面团，剩下 300 克面粉和成白色面团，饧发半小时。

**2.** 猪肉馅切碎，加入切碎的白菜、葱、姜、芝麻油、蚝油、花椒粉、生抽、盐、鸡粉、植物油制成肉馅。

**3.** 绿色面团擀成长方形片放到下面，白色面团搓成长条放在上面，用绿色面团把白色面团卷起来。

**4.** 切成剂子压扁，擀成大小均等的皮。

**5.** 放入适量的馅料，逐个包好。

**6.** 锅中注入开水，水重新烧开后放入包好的饺子。

**7.** 煮 8 分钟，将煮好的饺子捞出，装入盘中即可。

# 「韭菜鸡蛋饺子」 烹饪时间：20分钟

## 原料 Material

韭菜 ------- 75克

饺子皮 ----- 85克

鸡蛋液 ----- 30克

虾皮 -------- 10克

## 调料 Seasoning

盐 ----------- 3克

鸡粉 --------- 3克

花椒粉 ------- 3克

食用油 ------ 适量

## 做法 Make

1. 韭菜切碎；鸡蛋液打散，待用。

2. 热锅注油烧热，倒入鸡蛋液，快速炒散后，盛出待用。

3. 取一碗，倒入鸡蛋、虾皮、韭菜碎。

4. 加入盐、鸡粉、花椒粉、食用油，拌匀入味，制成馅料。

5. 备好一碗清水，用手指蘸上适量清水，往饺子皮边缘涂抹一圈。

6. 往饺子皮上放上适量馅料，将饺子皮两边捏紧。

7. 其他的饺子皮都采用相同方法制成饺子生坯，放入盘中待用。

8. 锅中注水烧开，倒入饺子生坯，拌匀，水烧开后再煮5分钟，至饺子浮起，盛出即可。

# 「羊肉韭黄水饺」 烹饪时间：17分钟

### 原料 Material

饺子皮---- 300 克
羊肉 ------ 450 克
韭黄 -------100 克
姜末 ------- 20 克
葱花 -------适量

### 调料 Seasoning

盐 ----------适量
食用油------适量
五香粉------适量
料酒 -------适量

### 做法 Make

1. 羊肉洗净，剁成馅，倒入姜末，料酒，腌渍 10 分钟。

2. 韭黄洗干净稍微晾晒一会儿。

3. 韭黄切碎，倒入食用油。

4. 将羊肉馅和韭黄搅拌，加入盐，五香粉，搅拌匀。

5. 取饺子皮，将馅料包好，依次制成生坯，备用。

6. 饺子入锅，盖上盖，煮开后加入两次凉水，然后开盖煮大约 5 分钟，撒上葱花即可。

# 「羊肉饺子」 烹饪时间：8分钟

## 原料 Material

饺子皮---- 300 克
羊肉 ------ 500 克
胡萝卜-----100 克
姜末 ------- 20 克
葱段 --------适量

## 调料 Seasoning

料酒 --------少许
生抽 --------少许
盐 ----------适量
食用油------适量
生粉 --------适量
胡椒粉------适量

## 做法 Make

1.将羊肉、胡萝卜分别剁成末，葱段切成葱花。
2.将羊肉中加入胡椒粉，淋入少许料酒、生抽，加适量盐、姜末、葱花。
3.加入胡萝卜，再加入适量生粉，单向搅拌，制成馅料。
4.取饺子皮，将馅料包好，依次制成生坯，备用。
5.锅中注水烧沸，倒入少许食用油、盐、葱段。
6.倒入饺子生坯，煮至浮起，稍煮片刻，出锅即可。

# 「三鲜馅饺子」 烹饪时间：20分钟

看视频学面食

### 原料 Material

韭菜 ------- 75 克
饺子皮 ----- 110 克
鸡蛋液 ----- 30 克
虾皮 -------- 10 克
水发木耳 --- 60 克

### 调料 Seasoning

盐 ----------- 3 克
五香粉 ------- 3 克
芝麻油 ---- 5 毫升
食用油 ------ 适量

**做法** Make

1. 韭菜、木耳切碎；鸡蛋液打散，待用。

2. 热锅注油烧热，倒入蛋液，快速炒散，盛盘待用。

3. 碗中倒入鸡蛋、虾皮、木耳碎、韭菜碎。

4. 撒上盐、五香粉，淋上芝麻油、食用油，拌匀入味，制成馅料。

5. 备好一碗水，用手指蘸上少许的清水，往饺子皮边缘涂抹一圈。

6. 往皮中放上少许的馅料，将饺子皮对折，两边捏紧。

7. 其他的饺子皮采用相同的做法制成饺子生坯，放入盘中待用。

8. 锅中注入清水烧开，倒入饺子生坯，煮开后再煮5分钟，至饺子上浮，捞出即可。

# 「芹菜猪肉水饺」

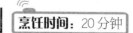
烹饪时间：20分钟

看视频学面食

## 原料 Material

芹菜 ------- 100 克

肉末 ------- 90 克

饺子皮 ----- 95 克

姜末 -------- 少许

葱花 -------- 少许

## 调料 Seasoning

盐 ---------- 3 克

五香粉 ------- 3 克

鸡粉 --------- 3 克

生抽 ------ 5 毫升

食用油 ------ 适量

## 做法 Make

**1.** 芹菜切碎，撒上少许盐，拌匀，腌渍 10 分钟。

**2.** 将腌渍好的芹菜碎倒入漏勺中，压掉多余的水分。

**3.** 将芹菜碎、姜末、葱花倒入肉末中。

**4.** 加入五香粉、生抽、盐、鸡粉、适量食用油拌匀入味，制成馅料。

**5.** 备好一碗清水，用手指蘸上少许清水，往饺子皮边缘涂抹一圈。

**6.** 往饺子皮中放上少许的馅料，将饺子皮对折，两边捏紧，制成饺子生坯，放入盘中待用。

**7.** 锅中注水烧开，倒入饺子生坯，拌匀，防止其相互粘连，煮开后再煮 2 分钟。

**8.** 加盖，用大火煮 2 分钟，至其上浮，捞出盛盘即可。

1　　　2　　　3　　　4

5　　　6　　　7　　　8

# 「酸汤水饺」 烹饪时间：5分钟

看视频学面食

## 原料 Material

水饺 -------150 克
紫菜 ------- 30 克
虾皮 ------- 30 克
葱花 --------10 克
油泼辣子--- 20 克
香菜 ---------5 克

## 调料 Seasoning

盐 ----------2 克
鸡粉 ---------2 克
生抽 ------ 4 毫升
陈醋 ------ 3 毫升

## 做法 Make

1.锅中注入适量的清水，大火烧开。

2.放入备好的水饺。

3.盖上锅盖，大火煮3分钟。

4.取一个碗，放入盐、鸡粉。

5.淋入生抽、陈醋，加入紫菜、虾皮、葱花、油泼辣子。

6.揭开锅盖，将水饺盛出，装入调好料的碗中。

7.加入备好的香菜即可。

# 「清蒸鱼皮饺」 烹饪时间：12分钟

## 原料 Material

鲮鱼肉泥-- 500 克
肥肉丁-----100 克
生粉 ------- 35 克
陈皮末------10 克
水发木耳--- 35 克
香菇粒----- 30 克
火腿粒----- 50 克
饺子皮------ 适量
葱花-------- 少许

## 调料 Seasoning

盐 -----------3 克
鸡粉 ---------3 克
白糖 ---------3 克
芝麻油---- 5 毫升
食用油------ 适量

## 做法 Make

1.鲮鱼肉泥加水、盐、鸡粉、陈皮末、葱花、生粉拌匀。
2.加肥肉丁、食用油、芝麻油，成鱼肉馅。
3.把木耳倒入碗中，加入火腿粒、香菇粒。
4.放盐、鸡粉、白糖、芝麻油，加鱼肉馅，制成饺子馅。
5.将馅料包进饺子皮，制成生坯，蒸 8 分钟。
6.揭盖，把蒸好的饺子取出即可。

# 「鲜虾韭黄饺」 烹饪时间：20分钟

看视频学面食

## 原料 Material

低筋面粉-- 250 克
鸡蛋 ---------1个
虾仁 ------- 60 克
肉末 ------- 80 克
韭黄 ------- 80 克
水发木耳--- 30 克
水发香菇--- 40 克
胡萝卜----- 60 克
生粉 ---------5克

## 调料 Seasoning

盐 -----------2 克
鸡粉 ---------2 克
生抽 ------ 3 毫升
蚝油 ------ 5 毫升
芝麻油 ---- 3 毫升

## 做法 Make

1. 把肉末倒入碗中，放盐、鸡粉、生抽，拌匀备用。

2. 韭黄切段，胡萝卜、木耳、香菇切粒，拌入肉末碗中。

3. 加入虾仁、生粉、蚝油、芝麻油，搅匀。

4. 低筋面粉装于碗中，倒入鸡蛋，搅匀。

5. 加适量开水，搅匀，揉至面团光滑，搓成长条状，分成大小均等的剂子，擀成饺子皮。

6. 把饺子皮折成三角块状，翻面，放上适量馅料，收口，捏成三角形状。

7. 用剪刀在棱上剪叶子状花形，点缀上胡萝卜粒，制成生坯，装入蒸笼里。

8. 放入烧开的蒸锅，大火蒸 7 分钟即可。

# 「虾饺」 烹饪时间：10分钟

## 原料 Material

澄面 ------ 300 克
生粉 ------- 60 克
虾仁 -------100 克
猪油 ------- 60 克
肥肉粒 ----- 40 克

## 调料 Seasoning

盐 ----------2 克
白糖 --------2 克
芝麻油 ---- 2 毫升
胡椒粉 ------ 少许

## 做法 Make

**1.**把虾仁放在干净的毛巾上，用毛巾吸干其表面的水分，装碗，放入胡椒粉、生粉、盐、白糖，拌匀。

**2.**加入肥肉粒、猪油、芝麻油，制成馅料。

**3.**把澄面和生粉倒入碗中，混合均匀，倒入适量开水，搅拌，烫面。

**4.**把面糊倒在案台上，搓成光滑的面团。

**5.**取适量面团，搓成长条状，切成数个大小均等的剂子，擀成饺子皮。

**6.**取适量馅料放在饺子皮上，收口捏紧，制成饺子生坯。

**7.**把生坯装入垫有包底纸的蒸笼里。

**8.**放入烧开的蒸锅，大火蒸 4 分钟，取出即可。

# 「玉米面萝卜蒸饺」 烹饪时间：20分钟

## 原料 Material

面粉 ------ 250 克

玉米粉 ---- 250 克

猪肉末 ---- 200 克

白萝卜丝 -- 300 克

葱花 -------- 少许

姜末 -------- 少许

## 调料 Seasoning

盐 ----------- 3 克

鸡粉 --------- 3 克

生抽 ------ 6 毫升

芝麻油 ---- 3 毫升

十三香 ------ 适量

## 做法 Make

**1.** 将猪肉末、白萝卜丝、姜末、葱花装入碗中。

**2.** 放入盐、鸡粉、生抽、芝麻油，拌匀。

**3.** 撒上十三香，拌匀，制成馅，待用。

**4.** 将玉米粉倒入碗中，放入 200 克面粉，加入清水，拌匀。

**5.** 倒在案板上，用手揉匀，盖上保鲜膜，发酵半个小时。

**6.** 揭去面团上的保鲜膜，在案板上撒上面粉，将面团揉成条，分成大小均等的剂子，用擀面杖将剂子擀制成饺子皮。

**7.** 取适量馅料放入饺子皮内，包成饺子生坯，装入蒸笼。

**8.** 锅中注水烧开，放入蒸笼，蒸 15 分钟。

1　2　3　4

5　6　7　8

# 「青瓜蒸饺」 烹饪时间：10分钟

## 原料 Material

高筋面粉-- 300 克
低筋面粉--- 90 克
生粉 ------- 70 克
黄奶油----- 50 克
鸡蛋 ---------1 个
黄瓜 ---------1 根
香菜 ------- 20 克
虾仁 ------- 40 克
肉胶 ------- 80 克

## 调料 Seasoning

盐 -----------2 克
白糖 ---------2 克
鸡粉 ---------2 克
芝麻油 ---- 2 毫升

## 做法 Make

**1.**香菜切碎；黄瓜切粒，放盐，去掉多余水分。

**2.**碗中倒入黄瓜、香菜、肉胶、虾仁，放入盐、白糖、鸡粉、芝麻油，拌匀，制成馅料。

**3.**把高筋面粉倒在案台上，加入低筋面粉，用刮板开窝，倒入鸡蛋。

**4.**碗中装少许清水，放入生粉，拌匀，加入适量开水，搅成糊状，加入清水，冷却，把生粉团捞出，放入面粉窝中，加入黄奶油，搅匀，刮入高筋面粉，混合均匀，揉搓成光滑的面团，制成饺子皮。

**5.**取适量馅料放在饺子皮上，收口捏紧，制成生坯。

**6.**把生坯装入垫有笼底纸的蒸笼里，放入烧开的蒸锅，大火蒸 5 分钟，取出即可。

# 「白菜香菇饺子」

烹饪时间：10 分钟

看视频学面食

**原料 Material**

大白菜---- 300 克
胡萝卜-----100 克
鲜香菇----- 40 克
生姜------- 20 克
饺子皮------数张

**调料 Seasoning**

老抽------ 2 毫升
白糖--------5 克
芝麻油---- 3 毫升
盐 ----------2 克
鸡粉--------2 克
五香粉------少许
食用油------适量
花椒--------少许

**做法 Make**

1. 大白菜、香菇切粒，胡萝卜切丝，生姜拍碎，剁成末。
2. 用油起锅，倒入花椒，爆香，盛出花椒。
3. 锅底留油，倒入香菇，翻炒匀，加入老抽、白糖，炒香后盛出。
4. 将白菜、胡萝卜装碗，拌入芝麻油、香菇、姜末，抓匀。
5. 放入盐、鸡粉、五香粉，搅拌匀，制成馅料。
6. 取饺子皮，边缘沾少许清水。
7. 取适量馅料放在饺子皮上，收口，捏成三角形，制成饺子生坯。
8. 取蒸盘，刷上一层食用油，放上饺子生坯。
9. 将蒸盘放入烧开的蒸锅中，大火蒸 4 分钟，至饺子熟透。

# 「金银元宝蒸饺」 烹饪时间：60分钟

**原料** Material

面粉 ------- 75 克
熟南瓜 ----- 75 克
肉末 ------- 65 克
饺子皮 ----- 80 克
香菇 ------- 55 克
姜末 ------- 少许
葱花 ------- 少许
白菜 ------- 60 克

**调料** Seasoning

盐 ---------- 3 克
鸡粉 -------- 4 克
黑胡椒粉----- 4 克
生抽 ------- 5 毫升
芝麻油 ---- 5 毫升
食用油 ------ 适量

做法 Make

**1.** 白菜剁碎，香菇改切成粒，装碗，加入盐后拌匀，腌渍10分钟。

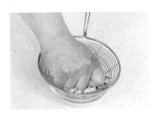

**2.** 将腌渍好的白菜、香菇倒入漏网中，压去多余的水分。将白菜、香菇倒入肉末中。

**3.** 加入姜末、葱花、盐、鸡粉、黑胡椒粉、生抽、芝麻油、食用油拌匀，制成馅料。

**4.** 取一碗，倒入南瓜、60克面粉，充分拌匀，倒在台面上，撒上剩余面粉，揉成面团。

**5.** 用保鲜膜密封好，放在盘中，发酵10分钟。

**6.** 备好一碗清水，用手指蘸上适量的清水，往饺子皮边缘涂抹一圈。

**7.** 将适量馅料放在饺子皮中，边缘处用手捏紧，制成银元宝生坯，放入盘中待用。

**8.** 撕开保鲜膜，将南瓜面团取出，揉成长条，揪成小剂子，再将小剂子擀制成金元宝饺子皮。

**9.** 往饺子皮中放入馅料，制成金元宝生坯。锅中注水烧开，放入生坯，大火蒸15分钟即可。

# 「豆角素饺」 烹饪时间：10分钟

## 原料 Material

澄面 ------ 300 克
生粉 ------- 60 克
豆角 -------150 克
橄榄菜 ----- 30 克
胡萝卜 -----120 克

## 调料 Seasoning

盐 -----------2 克
鸡粉 ---------2 克
水淀粉 ---- 8 毫升
食用油 ------ 适量

## 做法 Make

1. 豆角、胡萝卜切成粒。

2. 锅中注入适量清水烧开，倒入胡萝卜和豆角，搅拌，煮约1分钟捞出，沥干水分。

3. 用油起锅，倒入胡萝卜和豆角，炒匀。

4. 放盐、鸡粉，加入橄榄菜，淋入清水，炒匀。

5. 放水淀粉，勾芡，制成馅料，盛出待用。

6. 把澄面和生粉倒入碗中，混合均匀，开水烫面。

7. 把面糊倒在案台上，搓成光滑的面团，制成饺子皮。

8. 取适量馅料放在饺子皮上，收口捏紧，收口处捏出小窝，制成生坯，在收口处放胡萝卜粒、豆角粒、橄榄菜点缀。

9. 把生坯装入垫有笼底纸的蒸笼里，放入烧开的蒸锅，大火蒸4分钟，取出即可。

# 「鲜虾菠菜饺」 烹饪时间：12分钟

### 原料 Material

菠菜 -------100 克

生粉 ------- 75 克

澄面 -------175 克

虾仁 ------- 40 克

葱末 -------少许

胡萝卜----- 80 克

肉胶 -------150 克

### 调料 Seasoning

盐 ----------3 克

鸡粉 --------3 克

食用油------适量

### 做法 Make

**1.**胡萝卜切丝，焯水至熟软，捞出待用。

**2.**菠菜焯至熟软捞出，沥干水分，切碎放入碗中，加入食用油、肉胶、虾仁、盐、鸡粉、10 克生粉、葱末，拌匀，制成馅料。

**3.**将澄面倒入碗中，加入剩余生粉，拌匀，分数次加入少许开水，搅拌，揉搓成光滑的面团。

**4.**分割成大小均等的剂子，用擀面杖擀成饺子皮。

**5.**取适量馅料，放在饺子皮上，收口捏紧，制成饺子生坯。

**6.**逐个在生坯收口处系上一根胡萝卜丝。

**7.**把生坯装入垫有笼底纸的蒸笼里。

**8.**放入烧开的蒸锅，大火蒸 8 分钟，取出即可。

# 「兔形白菜饺」 烹饪时间：8分钟

## 原料 Material

小白菜-----150克
胡萝卜---- 200克
虾仁------- 90克
肉胶 -------100克
鲜香菇----- 40克
生粉 -------150克
澄面 ------ 200克
姜末 ------- 少许
葱末 ------- 少许
黑芝麻------ 少许

## 调料 Seasoning

盐 ----------4克
鸡粉 --------3克
芝麻油---- 3毫升

## 做法 Make

1. 胡萝卜、小白菜、香菇切粒。
2. 把白菜粒装入碗中，放入盐，抓匀，挤出水分，装碗，放入香菇、胡萝卜、姜末、盐、鸡粉、芝麻油，拌匀。
3. 拌入生粉、虾仁、肉胶、葱末，制成馅料。
4. 把澄面倒入碗中，加入生粉，加开水烫面，揉搓成纯滑的面团。
5. 用刮板切数个大小均等的剂子，擀成饺子皮。
6. 取适量馅料放在饺子皮上，收口，捏紧，收口处留出一小段，用剪刀将其对半剪开，捏成兔子耳朵形状。
7. 点缀上黑芝麻作为眼睛，制成生坯，装入垫有笼底纸的蒸笼里，放入烧开水的蒸锅蒸5分钟即可。

# 「八珍果饺」 烹饪时间：12分钟

## 原料 Material

澄面 ------ 300 克
生粉 ------- 60 克
胡萝卜 -----120 克
西芹 ------- 50 克
水发香菇--- 50 克
火腿 ------- 50 克
瘦肉 ------ 80 克
青豆 ------- 80 克
玉米粒 ----- 80 克
虾仁 ------- 45 克

## 调料 Seasoning

盐 -----------2 克
鸡粉 ---------2 克
生抽 ------ 4 毫升
水淀粉 ---- 5 毫升
蚝油 ------ 2 毫升
食用油 ------ 适量

## 做法 Make

**1.**将火腿、瘦肉、胡萝卜、香菇、西芹、虾仁切粒。

**2.**锅中注水烧开，倒入青豆、玉米粒、西芹、香菇和胡萝卜，氽约1分钟，捞出沥干水分。

**3.**把瘦肉粒倒入沸水锅中，加入虾仁，氽至转色，捞出。

**4.**用油起锅，倒入火腿粒、瘦肉粒和虾仁，放入盐、鸡粉、生抽、蚝油炒匀，放水淀粉，勾芡，制成馅料，盛出待用。

**5.**把澄面和生粉倒入碗中，混合均匀，倒入适量开水，搅拌，烫面，搓成光滑的面团，擀成饺子皮。

**6.**取适量馅料放在饺子皮上，收口，捏紧，收口处留一个小窝，放入青豆点缀，制成生坯。

**7.**把生坯放入垫有笼底纸的蒸笼里，放入烧开的蒸锅，大火蒸5分钟即可。

# 「鸳鸯饺」  烹饪时间：12分钟

看视频学面食

## 原料 Material

澄面 ------ 300 克
胡萝卜 ----- 70 克
水发木耳 --- 35 克
水发香菇 --- 30 克
豆角 ------- 100 克
肉胶 ------- 80 克

## 调料 Seasoning

盐 ----------- 2 克
鸡粉 --------- 2 克
白糖 --------- 3 克
生抽 ------ 4 毫升
生粉 ------ 65 克
芝麻油 ---- 3 毫升
蚝油 ------ 5 毫升

**做法** Make

**1.** 豆角、胡萝卜、木耳、香菇切成粒，装碗，加入鸡粉、盐、白糖、芝麻油，拌匀。

**2.** 加入肉胶、生抽、蚝油、生粉，拌匀。

**3.** 把澄面和生粉倒入碗中，混合均匀，烫面，搓成光滑的面团。

**4.** 取适量面团，切成数个大小均等的剂子。

**5.** 将剂子擀成饺子皮。

**6.** 取适量馅料放在饺子皮上。

**7.** 收口，中间捏紧，两侧向中间捏，两边再捏紧，制成生坯。

**8.** 将生坯装入垫有笼底纸的蒸笼里。

**9.** 放入烧开的蒸锅，大火蒸7分钟。

# 「生煎白菜饺」 烹饪时间：36分钟

## 原料 Material

白菜 ------- 60 克

胡萝卜-----110 克

香菇 ------- 70 克

面粉 -------165 克

白芝麻-------2 克

姜末 ---------8 克

香菜 -------- 少许

## 调料 Seasoning

盐 -----------3 克

蚝油 ------ 6 毫升

橄榄油------ 适量

## 做法 Make

**1.**碗中放入面粉、清水，搅拌成面团后放入玻璃碗中，封上保鲜膜，饧 20 分钟。

**2.**白菜切碎装碗，撒盐搅拌，腌渍 10 分钟，沥干水分备用。

**3.**热锅注入橄榄油，放入姜末爆香，再放入胡萝卜粒、香菇粒、盐、蚝油、白菜，翻炒入味，制成馅料。

**4.**取出饧好的面团，制成小剂子，撒上面粉，用擀面杖将面饼擀成面皮。

**5.**将馅料放在面皮中，包成饺子，待用。

**6.**热锅注油,烧至五成热,放入饺子,煎香后注水,盖上盖子,煎煮 4 分钟,转小火。

**7.**揭开盖子，撒入白芝麻，再盖上锅盖，焖煮 2 分钟，撒上香菜装盘即可。

# 「萝卜丝煎饺」 烹饪时间：25分钟

## 原料 Material

萝卜丝 ---- 300 克
五花肉碎 -- 200 克
葱花 ------- 50 克
姜末 ------- 适量
饺子皮 ------ 适量
葱花 ------- 适量
黑芝麻 ------ 适量

## 调料 Seasoning

盐 -----------4 克
生粉 -------- 适量
猪油 -------- 适量
食用油 ------ 适量

## 做法 Make

**1.** 将五花肉碎、萝卜丝、盐、姜末、葱花放入碗中，拌匀。

**2.** 加入猪油、生粉、食用油，搅匀反复抓揉，制成馅料。

**3.** 将饺子皮包入馅料，对折包好，即成饺子生坯。

**4.** 将包好的饺子生坯放入蒸隔。

**5.** 蒸锅注水烧开，放入有饺子生坯的蒸隔，大火蒸 5 分钟至熟。

**6.** 揭盖，取出蒸好的饺子。

**7.** 煎锅中倒入适量食用油烧热，放入蒸好的饺子。

**8.** 煎至两面成金黄色，撒上黑芝麻和葱花，盛出装盘即可。

# 「韭菜豆干煎饺」 烹饪时间：45分钟

## 原料 Material

韭菜 ------ 200 克
冬粉 -------150 克
鸡蛋 ------- 80 克
水发香菇--- 20 克
豆干 ------ 200 克
高筋面粉---150 克
低筋面粉--- 50 克

## 调料 Seasoning

米酒 ----- 10 毫升
白糖 ---------2 克
芝麻油---- 5 毫升
胡椒粉-------3 克
盐 ----------4 克
鸡粉 --------4 克
食用油------ 适量

## 做法 Make

1.热锅注油烧热，倒入打散的蛋液，将其煎成蛋皮。

2.盛出煎好的蛋皮，冷却后切成丝，待用。

3.摘好的韭菜切碎；豆干切小丁；泡发好的香菇切成丁；冬粉热水泡发后切段。

4.将所有调味料倒入碗中，加入蛋皮、韭菜、冬粉、豆干、香菇，充分拌匀即成馅料。

5.高筋面粉、低筋面粉混合过筛装入大碗中，冲入热水，搅拌匀，加入食用油，揉成光滑不沾手的面团。

6.面团切成大小均等的剂子，再用擀面杖将剂子擀成面皮，放入3小勺馅料，对折后将边缘往内折出螺旋纹理。

7.煎锅注油烧热，放入饺子，以中火煎至两面金黄即可。

# 「羊肉煎饺」 烹饪时间：15分钟

### 原料 Material

饺子皮 ---- 300 克
羊肉末 ---- 450 克
洋葱碎 -----150 克
姜末 ------- 20 克
葱花 -------适量
生粉 -------适量

### 调料 Seasoning

料酒 -------少许
生抽 -------少许
盐 ---------适量
食用油------适量

### 做法 Make

**1.**羊肉末中加入洋葱碎、姜末、葱花，淋入少许料酒，搅拌均匀。

**2.**加适量盐、少许生抽，加入1勺生粉，搅拌均匀，制成馅料。

**3.**依次取饺子皮，放入馅料包成生坯，备用。

**4.**平底锅烧热，刷一层油，放入饺子，加盖，用小火慢煎。

**5.**生粉中加适量水，制成水淀粉。

**6.**煎至饺子底部焦黄，倒入水淀粉。

**7.**加盖，煎至水淀粉全部收汁，盛出即可。

# 「上海菜肉大云吞」 烹饪时间：10分钟

### 原料 Material

猪肉末----- 90 克
云吞皮----- 90 克
油菜------- 50 克
鸡蛋液----- 20 克
水发紫菜--- 20 克
葱花--------10克
姜末--------7 克
香菜--------3 克
虾皮--------4 克

### 调料 Seasoning

盐 ----------3 克
鸡粉---------3 克
生抽------ 3 毫升
料酒------ 3 毫升
芝麻油------ 少许

### 做法 Make

**1.**洗净的油菜切成碎，待用。

**2.**在备好的碗中放入猪肉末、葱花、姜末、盐、鸡粉、生抽、料酒、鸡蛋液，搅拌均匀。

**3.**放入油菜碎，继续搅拌均匀，即成猪肉馅。

**4.**云吞皮四边抹上水，放入猪肉馅，捏好待用。

**5.**热锅注水煮沸，放入云吞，盖上盖子，煮至熟透。

**6.**碗中放入水发紫菜、虾皮、盐、鸡粉、生抽、芝麻油，搅拌均匀。

**7.**揭开盖子，将煮熟的云吞盛至放有食材的碗中，盛入少许热汤。

**8.**撒上香菜即可。

# 「沙县云吞」 烹饪时间：16 分钟

## 原料 Material

猪肉 ------ 300 克
虾皮 ------- 40 克
香菜 -------- 适量
葱花 -------- 适量
云吞皮 ------ 适量

## 调料 Seasoning

蚝油 -------- 少许
生抽 -------- 少许

## 做法 Make

1.先将猪肉切成末，放入蚝油，生抽，腌渍 10 分钟左右。
2.中小火将虾皮炒一下，不放油，至干，装盘待用。
3.待虾皮捣碎。
4.将虾皮末倒入肉馅里搅拌，然后用云吞皮包一点儿馅。
5.水煮开了之后再放云吞进去煮，6 分钟左右就熟了。
6.撒上葱花、香菜，装盘即可。

# 「羊肉云吞」 烹饪时间：5分钟

## 原料 Material

云吞皮 ---- 250 克
羊肉 ------ 300 克
胡萝卜 -----100 克
生粉 -------- 适量
姜末 -------- 适量
葱花 -------- 适量

## 调料 Seasoning

盐 ---------- 少许
芝麻油 ------ 少许
生抽 -------- 少许
胡椒粉 -------2 克
食用油 ------ 适量

## 做法 Make

**1.** 将胡萝卜剁成末，羊肉剁成末。

**2.** 取一干净大碗，倒入羊肉，加入盐、姜末、葱花，淋入适量生抽，顺时针搅匀。

**3.** 倒入胡萝卜末，搅匀，放入生粉，加少许食用油，搅匀后制成馅料。

**4.** 取云吞皮，包入馅料。

**5.** 锅中注水烧沸，加入云吞，煮至浮起后稍煮片刻。

**6.** 取一碗，倒入生抽、胡椒粉、葱花、芝麻油、盐，搅匀成味汁。

**7.** 将云吞和汤水一起盛入装有味汁的碗中即可。

# 「三鲜云吞」 烹饪时间：8分钟

## 原料 Material

猪肉碎----- 80 克

虾仁------- 30 克

韭菜--------15 克

云吞皮----- 60 克

辣椒酱------10 克

胡萝卜----- 50 克

香菜------- 20 克

## 调料 Seasoning

盐 -----------3 克

胡椒粉-------3 克

鸡粉---------3 克

生抽------ 3 毫升

料酒------ 3 毫升

芝麻油------ 少量

## 做法 Make

1.韭菜切碎；胡萝卜切丝；虾仁剁碎，待用。

2.猪肉碎装入碗中，放入虾仁、韭菜。

3.放入盐、胡椒粉，淋入生抽、料酒，单向搅拌均匀。

4.云吞皮四周抹上水，放入肉馅包好，制成生坯。

5.锅中注水烧开，放入云吞，煮至云吞浮在水面。

6.在碗中放入辣椒酱、生抽、鸡粉、芝麻油，搅拌制成蘸料。

7.往锅中放入胡萝卜丝，拌匀煮至熟。

8.将煮好的馄饨盛出装入碗中，撒上香菜，摆上蘸料即可。

# 「鸡汤云吞」 烹饪时间：10分钟

## 原料 Material

云吞皮 ----- 60 克
猪肉馅 -----150 克
鸡汤 ---- 250 毫升
葱花 --------3 克
姜末 --------2 克

## 调料 Seasoning

料酒 ------ 3 毫升
生抽 ------ 5 毫升
盐 ----------6 克
鸡粉 --------2 克
胡椒粉-------2 克
芝麻油---- 2 毫升

## 做法 Make

**1.**往猪肉馅中加入葱花、姜末、料酒、生抽、盐，充分拌匀制成馅料。

**2.**备好一碗清水，取一张云吞皮，用手指轻轻沾上适量的清水，往其四周划上一圈。

**3.**取适量的馅料放入皮上，用手捏紧。

**4.**其他剩下的云吞皮和馅料按照相同的方式制作成云吞生坯，放在盘中待用。

**5.**锅置火上，倒入鸡汤，煮至沸腾。

**6.**倒入云吞生坯，煮至上浮，加入盐、鸡粉、胡椒粉，拌匀。

**7.**将入味的云吞捞出放在碗中，淋上芝麻油即可。

# 「虾仁云吞」 烹饪时间：15分钟

## 原料 Material

云吞皮----- 70 克

虾皮 --------15 克

紫菜 ---------5 克

虾仁 ------- 60 克

猪肉 ------- 45 克

淀粉 ---------4 克

## 调料 Seasoning

盐 -----------2 克

鸡粉 ---------3 克

胡椒粉-------3 克

芝麻油------ 适量

食用油------ 适量

## 做法 Make

1. 虾仁剁成虾泥，猪肉剁成肉末，一起装入碗中。

2. 加入鸡粉、盐、胡椒粉、淀粉，搅拌至起劲。

3. 淋入少许芝麻油，拌匀，腌渍约 10 分钟，制成馅料。

4. 取云吞皮，放入适量馅料，沿对角线折起，卷成条形，再将条形对折，收紧口，制成云吞生坯，装在盘中，待用。

5. 锅中注水烧开，撒上紫菜、虾皮。

6. 加入少许盐、鸡粉、食用油，拌匀，略煮。

7. 放入云吞生坯，大火煮约 3 分钟，至其熟透，盛出即可。

# 「紫菜云吞」  烹饪时间：5分钟

### 原料 Material

水发紫菜--- 40 克
胡萝卜丝--- 45 克
虾皮 --------10 克
猪肉云吞---100 克
葱花 -------- 少许

### 调料 Seasoning

盐 -----------2 克
鸡粉 ---------2 克
食用油------ 适量

### 做法 Make

1.用油起锅，倒入虾皮，爆香。

2.放入胡萝卜丝，翻炒出香味。

3.倒入适量清水，放入紫菜，用锅铲拌匀。

4.盖上盖，用大火煮沸后加入适量盐、鸡粉，拌匀。

5.放入备好的猪肉云吞，中火煮 4 分钟至熟。

6.揭盖，将煮好的云吞盛出，装入碗中，撒入少许葱花即可。

# 「香菇炸云吞」 烹饪时间：3分钟

### 原料 Material

香菇粒----- 40 克
木耳粒----- 30 克
肉胶------- 80 克
云吞皮------ 适量
葱花------- 少许
姜末------- 少许

### 调料 Seasoning

盐----------2 克
白糖----------2 克
生抽------ 3 毫升
芝麻油---- 2 毫升
食用油------ 适量

### 做法 Make

**1.** 把肉胶拌入碗中，放入盐、白糖、生抽。
**2.** 放入姜末、葱花、木耳粒、香菇粒，拌匀。
**3.** 加入芝麻油，拌匀，制成馅料。
**4.** 取适量馅料，放在云吞皮上。
**5.** 收口，捏紧，制成生坯。
**6.** 热锅注油烧至五六成热，放入生坯，炸约1分钟至金黄色，捞出装盘即可。

# 「南瓜锅贴」 烹饪时间：60分钟

## 原料 Material

南瓜 ------ 350 克
面粉 -------150 克
葱碎 -------- 少许
姜末 -------- 少许

## 调料 Seasoning

盐 -----------1 克
五香粉 -------2 克
食用油------ 适量

## 做法 Make

**1.**南瓜去皮后切小粒装碗，倒入葱碎、姜末、盐、食用油、五香粉，拌匀成馅料，待用。

**2.**取 140 克面粉倒入碗中，加入水，拌匀，倒在案台上，撒上剩余面粉，搓揉成纯滑的面团，饧发 20 分钟。

**3.**将饧发好的面团制成薄面皮。

**4.**取南瓜馅料放入面皮中，做成饺子形状。

**5.**将首尾相贴合，制成中间有凹槽的锅贴生坯。

**6.**蒸锅注水烧开，放入生坯，蒸 10 分钟至熟。

**7.**揭盖，取出蒸好的南瓜锅贴。

**8.**用油起锅，注入少许清水，放入蒸好的锅贴，煎约 10 分钟即可。

# 「上海锅贴」

**烹饪时间：** 38 分钟

**原料** Material

肉末 ------- 80 克
面粉 -------155 克
姜末 ------- 少许
葱花 ------- 少许

**调料** Seasoning

盐 -----------3 克
白胡椒粉-----3 克
五香粉-------3 克
芝麻油---- 5 毫升
生抽 ------ 5 毫升
料酒 ------ 5 毫升
食用油------ 适量

**做法** Make

**1.** 取一碗，倒入 130 克面粉，注入适量温水，充分拌匀，和成面团。

**2.** 将面团放入碗中，用保鲜膜包裹严实，饧 15 分钟。

**3.** 往肉末中倒入姜末、葱花、盐、白胡椒粉、料酒、五香粉、芝麻油、生抽，充分拌匀，腌渍 10 分钟。

**4.** 撕开保鲜膜，取出面团，用擀面杖将其擀成大小均等的薄面皮。往面皮里放上适量的肉末，将面皮边缘捏紧，制成锅贴生坯。

**5.** 热锅注油烧热，加入少许的清水，将锅贴生坯整齐地摆放在锅中，大火煎约 10 分钟至锅内水分完全蒸发。

**6.** 揭盖，夹出煎好的锅贴放入盘中即可。

# 人人都爱的酥·饼

传承已久的中式点心独具魅力，其中最吸引
人的莫过于饼和酥，它们造型精致，口感一流。
让我们一起从老派点心到创意新品，一起品尝中
式酥和饼。

# 「桃酥」 烹饪时间：30分钟

## 原料 Material

低筋面粉-- 200 克
橄榄油---110 毫升
全蛋液--- 30 毫升
核桃碎----- 60 克
泡打粉-------4 克
小苏打-------4 克
黑芝麻------ 适量

## 调料 Seasoning

白砂糖----- 50 克

## 做法 Make

**1.**将生核桃碎放置在铺了油纸的烤盘上，放入预热180℃的烤箱中层，烤制 8 ~ 10 分钟。

**2.**与此同时，将橄榄油、25 毫升蛋液、白砂糖混合，用手动搅拌器搅拌均匀。

**3.**将低筋面粉、泡打粉、小苏打混合均匀，筛入步骤 2 中的液体内。

**4.**用橡皮刮刀翻拌均匀。

**5.**将烤过的核桃碎倒入面团中，翻拌均匀。

**6.**取一小块面团，揉成球按扁，依次做好所有的桃酥。

**7.**刷上蛋液，撒上少许熟黑芝麻。

**8.**送入预热180℃的烤箱中层，烤 20 分钟左右至表面金黄即可。

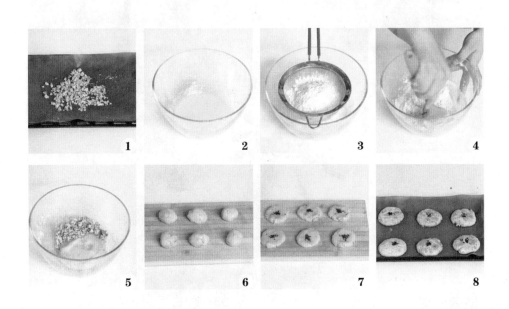

1　2　3　4

5　6　7　8

# 「荷花酥」 烹饪时间：100分钟

## 原料 Material

**油皮：**

面粉 ------ 350 克

猪油 ------- 105 克

绿茶粉 ------ 适量

**内馅：**

豆沙馅 ------ 适量

食用油 ------ 适量

## 做法 Make

**1.** 往 150 克面粉中加入 75 克猪油，拌匀制成油酥。将 100 克面粉、15 克猪油倒入碗中，加入 50 毫升清水，拌成白面团。

**2.** 将 100 克面粉、15 克猪油、绿茶粉倒入碗中，加入 50 毫升清水，揉成绿面团。

**3.** 将白面团和绿面团分别擀成面皮。将油酥分成两份，分别包入白色面皮和绿色面皮中，收口搓成圆形，擀成椭圆面片，从上而下卷起，松弛 10 分钟。

**4.** 将白面团和绿面团分别搓成条，分别切成 30 克大小的小剂子，擀成面皮。将豆沙馅包入白色面皮中，收口搓成圆形。

**5.** 将包裹了豆沙馅的白色面团放入绿色面皮内，收口搓成圆形。

**6.** 用刀在面团表面切出花瓣。

**7.** 切口的深度要到可以看到豆沙馅为止。

**8.** 热锅注油烧热，放入荷花酥，用小火将其炸至花瓣展开即可。

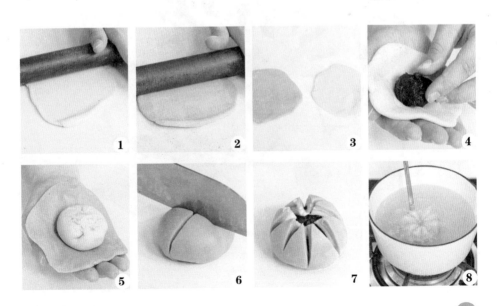

# 「枣花酥」 烹饪时间：35分钟

## 原料 Material

**油皮：**

中筋面粉---180 克

糖粉 ------- 20 克

盐 -----------2 克

猪油 ------- 80 克

**油酥：**

低筋面粉-- 230 克

猪油 ------- 110 克

**内馅：**

面粉 ------- 80 克

糯米粉----- 70 克

猪油 ------- 58 克

细砂糖----- 70 克

黑芝麻------ 适量

## 做法 Make

1.将油皮的原料倒入碗中，搅拌均匀。

2.揉成光滑的面团后搓粗条，分切数个 58 克的小剂子。

3.取油酥的原料拌匀成面团，分切成数个 24 克小面团，将油皮压扁包入油酥。

4.擀成椭圆面皮，由下而上卷起，盖上保鲜膜静置松弛 10 分钟。

5.卷口向上擀成片，再次卷起，包上保鲜膜静置 10 分钟，再将饼皮压成薄片。

6.将内馅的材料全部混匀，取一小部分放入饼皮。

7.稍按压后，用虎口环住饼皮，使饼皮完全包裹住内馅。

8.捏紧收口，将多余的饼皮向下压捏合。

9.面团收口朝下放在操作台上，压扁，用擀面杖擀成圆饼，用剪刀在圆饼上剪 12 刀，做成 12 片"花瓣"。

10.将每一片"花瓣"扭转，成为"绽放"的模样。

11.用指尖蘸少许蛋黄涂在枣花酥的中心，再撒上黑芝麻。

12.放入 200℃的烤箱，烤 15 分钟即可。

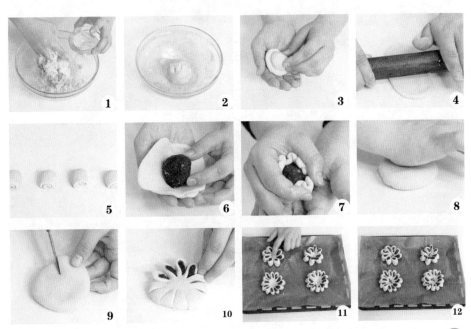

# 「鸳鸯酥」 烹饪时间：35分钟

## 原料 Material

**油皮：**

中筋面粉----- 250 克

糖粉 ---------- 40 克

猪油 --------- 100 克

**油酥：**

低筋面粉----- 175 克

猪油 ---------- 85 克

橘色食用色素 --适量

## 做法 Make

**1.**将油皮的原料倒入碗中，搅拌均匀，揉成面团后搓粗条，分切数个 40 克的剂子。油酥的原料倒入碗中，搅拌匀。

**2.**将油酥揉成粗条，分切成等数的 20 克小剂子。将油皮压扁包入油酥。

**3.**用虎口收口捏紧，压扁，擀成圆面皮，由下而上卷起，盖上保鲜膜静置松弛 10 分钟，卷口向上擀成片，再次卷起，包上保鲜膜静置 10 分钟。

**4.**备好的内馅分成 35 克馅团，再搓圆。将油酥皮对切开，将有螺旋层次的面朝上，用手压扁，再擀成有螺旋纹的面片。

**5.**在油酥皮中间放入适量的内馅。

**6.**稍按压后，用虎口环住饼皮，边捏边旋转，使饼皮完全包裹住内馅。

**7.**捏紧收口，用双手来回搓面团边缘，调整成圆形后放入烤盘。

**8.**烤盘放入预热好的烤箱内，上火 180℃，下火 170℃，烤 15 分钟即成。

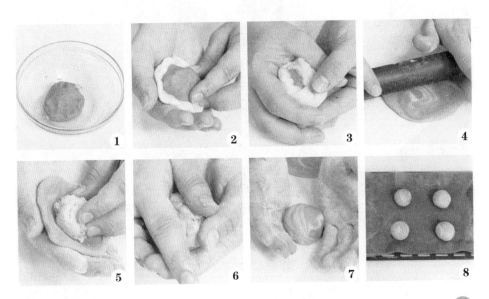

# 「蛋黄酥」 烹饪时间：45分钟

## 原料 Material

**油皮：**

高筋面粉---180 克

低筋面粉---120 克

糖粉 ------- 40 克

无盐黄油---100 克

**油酥：**

低筋面粉-- 200 克

无盐黄油--- 80 克

**内馅：**

豆沙 ------ 200 克

咸蛋黄------10 个

年糕 -------100 克

白芝麻------ 适量

## 做法 Make

**1.** 将油皮的原料倒入碗中，搅拌均匀。

**2.** 揉成光滑的面团后搓粗条，分切数个 30 克的小剂子。

**3.** 取油酥的原料拌匀成面团，分切成数个 15 克小面团。

**4.** 将油皮压扁包入油酥。

**5.** 擀成椭圆面皮。

**6.** 由下而上卷起，盖上保鲜膜静置 10 分钟。

**7.** 卷口向上擀成片。

**8.** 再次卷起，包上保鲜膜静置 10 分钟。

**9.** 将豆沙揉成 25 克豆沙团；咸蛋黄对切。手上蘸水，将年糕分成与豆沙等份的 10 克年糕团，豆沙揉圆，压扁填入年糕、咸蛋黄，再捏紧收口包成球状。

**10.** 将油酥擀成面皮，放入内馅，将内馅包入饼皮中。

**11.** 捏紧收口，搓成圆球，再用手掌稍按压扁。

**12.** 一面刷上清水，裹上白芝麻，放入预热好的烤箱内，以上火 200℃、下火 180℃的温度烤制 10 分钟，取出翻面，再以上火 150℃，下火 180℃的温度续烤 15 分钟即可。

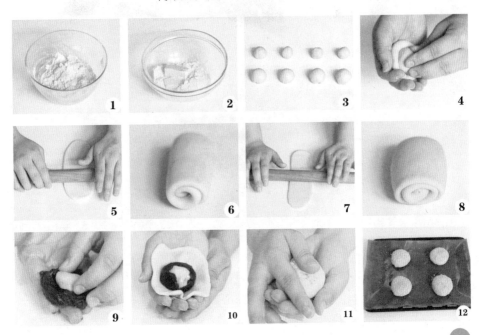

# 「芝麻冬瓜酥饼」 烹饪时间：42分钟

## 原料 Material

**油皮：**

中筋面粉-- 250 克

糖粉 ------- 25 克

猪油 -------100 克

**油酥：**

低筋面粉---150 克

猪油 ------- 70 克

**内馅：**

猪肥肉 ---- 300 克

冬瓜糖 ---- 300 克

麦芽糖 ----- 50 克

白芝麻 ----- 50 克

熟面粉 ---- 250 克

糖粉 -------150 克

奶油 ------- 75 克

奶粉 ------- 45 克

盐 -----------3 克

## 做法 Make

**1.**将猪肥肉、冬瓜糖、麦芽糖、白芝麻倒入碗中，充分混合匀。

**2.**放入熟面粉、糖粉、奶油、奶粉、盐，拌匀成馅料。油皮的原料都倒入容器内，充分混合匀制成油面，再切成大小一致的剂子。取油酥的原料倒入容器，混合匀制成面团，分成等份油酥，卷口向上擀成片，再次卷起，包上保鲜膜静置 10 分钟。

**3.**取油皮分成数个 20 克的面团，再将油酥分成等份的 13 克小面团，内馅分成 40 克一份，揉成圆球。将饼皮压成薄片，在中间放入内馅。

**4.**稍按压后，用虎口环住饼皮。

**5.**边捏边旋转，使饼皮完全包裹住内馅。

**6.**捏紧收口，将多余的饼皮向下压捏合，整型搓成圆球状，再压成扁平状。

**7.**表面刷上蛋黄放入烤盘，烤盘放入预热的烤箱内，以上火 160℃、下火 220℃烤 15 分钟。

**8.**取出翻面，再烤 15 分钟即可。

1　2　3　4

5　6　7　8

# 「抹茶相思酥」 烹饪时间：30分钟

## 原料 Material

**油皮：**

中筋面粉-- 250 克

糖粉 ------- 40 克

猪油 -------100 克

**油酥：**

低筋面粉---175 克

猪油 ------- 85 克

抹茶粉-------8 克

**内馅：**

红豆 ------ 800 克

## 做法 Make

**1.**将油皮的原料倒入碗中，搅拌均匀，揉成光滑的面团后搓粗条，分切数个 40 克的小剂子。

**2.**低筋面粉、猪油倒入碗中，搅拌匀至无颗粒状，加入抹茶粉，混合匀制成面团，分切成数个 20 克小面团。

**3.**将油皮压扁包入油酥，擀成椭圆面皮。

**4.**由下而上卷起，卷口向上擀成片，再次卷起，包上保鲜膜，静置 10 分钟。红豆制成内馅，分切成等份的 35克馅团，再搓圆。

**5.**将油酥皮对切开，将有螺旋层次的面朝上，用手压扁，再擀成有螺旋纹的面片。

**6.**在面皮中间放入内馅，稍按压后，用虎口环住饼皮，边捏边旋转。

**7.**使饼皮完全包裹住内馅，捏紧收口。

**8.**用双手来回搓面团边缘，调整成圆形后放入烤盘。烤盘放入预热好的烤箱内，上火 180℃，下火 170℃，烤 15分钟即成。

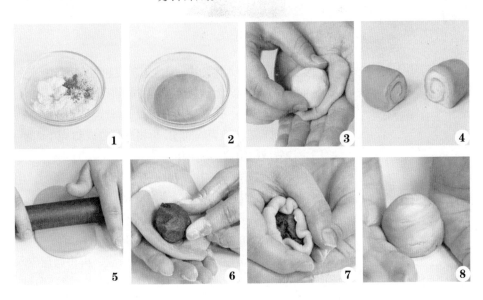

# 「月白豆沙饼」 烹饪时间：35分钟

## 原料 Material

**油皮：**

中筋面粉---150 克

糖粉 --------15 克

猪油 ------- 65 克

**油酥：**

低筋面粉--- 115 克

无盐黄油--- 55 克

**内馅：**

白豆沙---- 400 克

## 做法 Make

**1.** 油皮的原料都倒入容器内，混合匀制成油面，再切成剂子。

**2.** 取油酥的原料倒入容器，混合匀制成面团，分成等份油酥。

**3.** 卷口向上擀成片，再次卷起，包上保鲜膜静置 10 分钟。

**4.** 取油皮分成数个 20 克的面团，再将油酥分成13克小面团。将白豆沙分成每份 30 克馅团。

**5.** 将饼皮压成薄片，在中间放入白豆沙馅，稍按压后，用虎口环住饼皮，边捏边旋转，使饼皮完全包裹住内馅。

**6.** 捏紧收口，将多余的饼皮向下压捏合，整型后再用手掌压成饼状，用擀面杖逐一在中间处按压至 1/3 深度。

**7.** 逐一压出凹陷造型，凹陷朝下放入烤盘，再将烤盘放入预热好的烤箱内，上火调为 160℃，下火 220℃，烤 15 分钟，翻面，再烤 10 分钟即可。

# 「水晶饼」 烹饪时间：35分钟

## 原料 Material

中筋面粉---150 克

猪油 ------- 65 克

低筋面粉---115 克

无盐黄油--- 55 克

## 调料 Seasoning

淀粉 ------ 300 克

糖粉 ------- 65 克

干桂花 ------ 适量

## 做法 Make

**1.**将中筋面粉、猪油、清水都倒入容器内，充分混合匀制成油皮，再切成大小一致的剂子。

**2.**取低筋面粉、清水、黄油都倒入容器，混合匀制成面团，分成等份油酥。取油皮分成数个 40 克的面团，再将油酥分成等份的 20 克小面团。

**3.**卷口向上擀成片，再次卷起，包上保鲜膜静置 10 分钟。

**4.**馅料的材料倒入碗中，缓缓倒入开水，拌匀成熟面团。

**5.**将淀粉、糖粉和成馅，再加入干桂花混匀，分切成小块，揉圆。将饼皮压成薄片，在中间放入内陷，用虎口环住饼皮，使饼皮包裹住内馅，捏紧收口，整型后在用手掌压成饼状。

**6.**将饼摆在烤盘上，放入烤箱，上火调为 160℃，下火调为 220℃，烤 15 分钟，翻面，再烤 10 分钟即可。

# 「苏式红豆月饼」 烹饪时间：40分钟

## 原料 Material

**油皮：**

中筋面粉---180克
糖粉 ------- 20克
盐 -----------2克
猪油 ------- 80克

**油酥：**

低筋面粉-- 230克
猪油 ------- 110克

**内馅：**

红豆沙---- 900克

**装饰：**

白芝麻------ 适量

## 做法 Make

**1.** 将油皮的原料倒入碗中，搅拌均匀，揉成光滑的面团后搓粗条。

**2.** 取油酥原料倒入碗中，拌匀成面团。将油皮分切成数个 30 克面条，油酥分切成数个16克小面团。

**3.** 油皮压扁完全包入油酥，擀至成椭圆面皮。

**4.** 卷口向上擀成片，再次卷起，包上保鲜膜静置10 分钟。

**5.** 红豆沙制成内馅，放入压成薄饼的饼皮中。

**6.** 边捏边旋转，使饼皮完全包裹住内陷，用虎口捏紧收口，将多余的饼皮向下压捏合。

**7.** 整型搓成圆球状，再压成扁平状，撒上白芝麻，芝麻面朝下放入烤盘，再放入烤箱。

**8.** 上火调 160℃，下火调210℃，烤制 15 分钟，取出翻面，再放入烤箱内续烤 15 分钟即可。

# 「龙凤喜饼」 烹饪时间：80分钟

## 原料 Material

低筋面粉-- 420 克
奶粉 -------- 适量
泡打粉 ------ 适量
鸡蛋 --------2 个

## 调料 Seasoning

糖粉 -------160 克
麦芽糖 ------ 适量
盐 ---------- 适量
奶油 -------- 适量

## 做法 Make

**1.**将麦芽糖、糖粉、盐、奶油装入容器中，打发至松软，分次加入鸡蛋，搅拌均匀，再加入奶粉拌匀。

**2.**过筛加入低筋面粉、泡打粉，混合匀制成面团。面团包上保鲜膜，冷藏松弛1小时。

**3.**将松弛好的面团取出，搓成长条，切成数个100克剂子，待用。

**4.**饼皮压扁，将内馅放在里面，捏紧收口。再将多余的面皮压入面团中，整型成圆形。

**5.**将面团均匀地裹上面粉，填入磨具中压实。分别左右施力轻轻将饼脱模，放入烤盘。

**6.**放入烤箱，上火调210℃，下火200℃，烤18分钟定型。取出后均匀地刷上蛋液，再烤12分钟即可。

# 「乳山喜饼」 烹饪时间：33分钟

### 原料 Material

中筋面粉-- 350 克
鸡蛋 ---------2 个
酵母 ---------4 克
植物油--- 40 毫升

### 调料 Seasoning

白糖 ------- 60 克

### 做法 Make

1.鸡蛋、植物油、白糖加入面粉中。

2.酵母内加入温水化开,再倒入食材内,充分拌匀制成面团。

3.放入温暖处发酵至两倍大。

4.把面团分成 8 个大小一样的剂子。

5.分别排气揉至光滑,再揉圆,用擀面杖擀成小圆饼。

6.放入烤盘,放在温暖处发酵。

7.放进烤箱,按发酵键发酵。

8.发酵至饼饱满,刷一点儿油。

9.烤箱预热 150℃,放入发酵好的饼,烤 15 分钟左右。

10.将喜饼翻面,再续烤 15 分钟即可。

# 「太阳饼」 烹饪时间：55分钟

## 原料 Material

**油皮：**

高筋面粉-- 400 克

低筋面粉-- 300 克

糖粉 ------- 80 克

奶油 ------ 250 克

奶粉 -------- 适量

麦芽糖------ 适量

**油酥：**

低筋面粉-- 400 克

奶油 ------ 200 克

**装饰：**

蛋液 -------- 适量

## 做法 Make

**1.**将油皮的原料倒入碗中，搅拌均匀，揉成光滑的面团后搓成粗条，分切成数个 30 克的小剂子。

**2.**取油酥原料倒入碗中，搅拌匀制成面团，分切成数个 15 克小面团。将油皮压扁包入油酥，擀成椭圆面皮。由下而上卷起，盖上保鲜膜静置 10 分钟，卷口向上擀成片，再次卷起，包上保鲜膜静置 10 分钟。

**3.**低筋面粉、奶粉过筛入碗中，加入麦芽糖、糖粉抓匀，再放入奶油，拌成团，将内馅分切成数个 25 克的小份。将饼皮压成薄片，在中间放入内馅。

**4.**稍按压后，用虎口环住饼皮，边捏边旋转，使饼皮完全包裹住内馅。

**5.**捏紧收口，将多余的饼皮向下压捏合。

**6.**整型搓成圆球状，用手掌压扁，静置松弛 10 分钟。

**7.**将表面裹上面粉，擀成扁平状，放入烤盘内。

**8.**在生饼表面刷上蛋液，放入预热好的烤箱内，上火调 200℃，下火 180℃，烤 15 分钟，待表面上色温度改为上火 170℃、下火 180℃，再续烤 10 分钟。

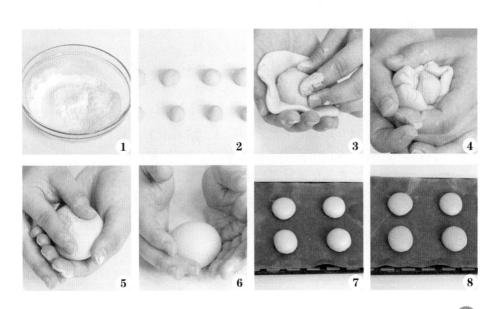

# 「麻酱烧饼」 烹饪时间：25分钟

## 原料 Material

中筋面粉-- 300 克
酵母 --------12 克
熟芝麻-----150 克
芝麻酱----- 110 克

## 调料 Seasoning

盐 -----------8 克
花椒粉------10 克
五香粉-------3 克
蜂蜜 --------10 克

## 做法 Make

**1.**酵母、中筋面粉倒入碗中，加水混合匀揉成面团。

**2.**常温下静置至发酵成两倍大。

**3.**芝麻酱里倒入盐、花椒粉、五香粉，混合均匀备用。

**4.**面团分割成 4 个小面团，取其中一个擀成薄饼。

**5.**均匀涂抹上芝麻酱，从一头卷起来，切成块。

**6.**将两头封口，往下按扁，擀成小圆饼。

**7.**将小圆饼放入烤盘中，蜂蜜和水调和均匀，刷在饼上。

**8.**熟芝麻倒在盘里，使饼坯均匀地蘸上 一层芝麻，放入烤盘。

**9.**烤盘放入预热好的烤箱内，以 180℃烤 20 分钟即成。

# 「老婆饼」 烹饪时间：95分钟

## 原料 Material

**油皮：**

中筋面粉---180 克

糖粉 ------- 20 克

盐 -----------2 克

猪油 ------- 80 克

**油酥：**

低筋面粉-- 230 克

猪油 -------110 克

**内馅：**

糯米粉----- 70 克

猪油 ------- 58 克

细砂糖----- 70 克

熟白芝麻---- 适量

**装饰：**

蛋黄液 ------ 适量

## 做法 Make

**1.** 将油皮的原料倒入碗中，拌匀，揉成光滑的面团后搓粗条，分切成数个58克的小剂子。取油酥原料拌匀成面团，分切成数个24克小面团。将油皮压扁包入油酥，擀成椭圆面皮。

**2.** 由下而上卷起，盖上保鲜膜静置松弛 10 分钟。

**3.** 卷口向上擀成片，再次卷起，包上保鲜膜静置 10 分钟。

**4.** 水、细砂糖、猪油一起倒入锅里，大火煮开至沸腾后转小火，倒入全部糯米粉搅匀，成为黏稠的馅状，关火后加入熟白芝麻拌匀，平铺在盘子里，放入冰箱冷藏 1 个小时。

**5.** 冷藏后的馅分成 30 克一份的内馅，将饼皮压成薄片，在中间放入内馅，用虎口环住饼皮，使饼皮完全包裹住内馅。

**6.** 整型搓成圆球状，再压成扁平状，表面刷上蛋黄液，放入烤箱，以上火 160℃，下火 210℃烤制 15 分钟即可。

# 「牛舌饼」 烹饪时间：25分钟

## 原料 Material

**油皮：**

中筋面粉-- 500 克

糖粉 ------- 20 克

无盐黄油---145 克

## 调料 Seasoning

**油酥：**

低筋面粉-- 280 克

无盐黄油---150 克

**内馅：**

豆沙 ------ 250 克

## 做法 Make

**1.**油皮的原料都倒入容器内，充分混合匀制成油面，再切成大小一致的剂子。

**2.**取油酥的原料倒入容器，混合匀成面团。

**3.**油皮分成数个30克的面团，油酥分成数个15克的面团。

**4.**油皮擀薄，将油酥包入油皮中，收紧封口。

**5.**将油酥皮从中间上下擀制成长面皮。

**6.**由下而上慢慢卷起，用擀面杖再从中间部分上下擀制成长面皮，由下而上地卷起，静置松弛10分钟。

**7.**将静置好的油酥皮擀成圆面皮。

**8.**将豆沙制成内馅，分成与面团等份的30克馅料，在油酥皮内填入馅料。

**9.**边捏边旋转将内馅包入油酥皮中。

**10.**捏紧收口后整形，逐一揉成椭圆形。

**11.**用手压扁，擀制成椭圆片状，收口朝上，放入烤箱。

**12.**以上火180℃、下火200℃的温度烤12分钟即可。

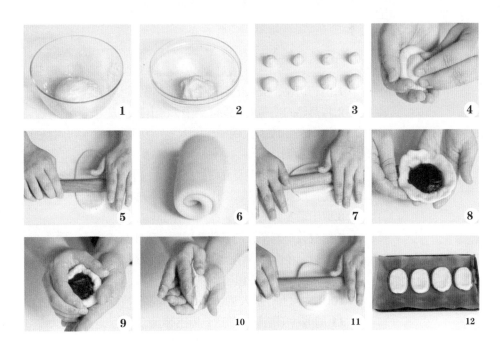

# 「山药脆饼」

烹饪时间：58分钟

看视频学面食

## 原料 Material

面粉 ------- 90克
去皮山药 ---120 克
豆沙 ------- 50 克

## 调料 Seasoning

白糖 -------- 适量
食用油 ------ 适量

## 做法 Make

1.山药切块，放入电蒸锅中，蒸20分钟至熟透。

2.将蒸熟的山药放入保鲜袋中，将山药碾成泥，取出装碗。

3.将山药泥放入大碗中，倒入80克面粉，注入约40毫升清水，搅匀。

4.将拌匀的山药泥及面粉倒在案台上进行揉搓。

5.揉搓成纯滑面团，套上保鲜袋，饧发30分钟。

6.取出饧发好的面团，撒上少许面粉，搓成长条状。

7.掰成数个剂子，剂子稍稍搓圆，压成圆饼状。

8.撒上剩余面粉，用擀面杖将圆饼面团擀薄成面皮。

9.放入适量豆沙，包起豆沙，收紧开口，压扁成圆饼生坯。

10.用油起锅，放入饼坯，煎至两面焦黄。

11.稍煎片刻至脆饼熟透，盛出装盘，撒上白糖即可。

# 「美味葱油饼」 烹饪时间：35分钟

### 原料 Material

面粉 -------170克
葱花 ------- 20克

### 调料 Seasoning

盐 ----------3克
鸡粉 ---------3克
食用油------ 适量

### 做法 Make

**1.** 在盛有面粉的碗中注入适量清水，和成面团。

**2.** 将和好的面团放入备好的碗中，封上保鲜膜，醒30分钟。

**3.** 取出面团，在面团上撒适量面粉，用擀面杖将面团擀平。

**4.** 倒入食用油、盐、鸡粉，撒入葱花，叠起来。

**5.** 撒上适量面粉，用擀面杖擀开。

**6.** 热锅注油，将饼放入锅中油煎，煎至两面呈金黄色。

**7.** 将煎好的饼盛出，放在案板上切开。

**8.** 放入备好的盘中即可。

# 「银丝煎饼」

烹饪时间：9分钟

## 原料 Material

水发粉丝-- 110克
面粉 ------ 100克
胡萝卜丝--- 55克
肉末 ------- 35克
葱段 -------15克

## 调料 Seasoning

盐 -----------2克
料酒 ------ 2毫升
生抽 ------ 3毫升
芝麻油----- 适量
食用油----- 适量

## 做法 Make

1.将面粉装碗，注入适量温水，搅拌，制成面团。

2.粉丝切长段后，将粉丝、葱段、胡萝卜丝装碗，加入肉末、盐、料酒、生抽、芝麻油拌匀，制成馅料。

3.取备好的面团搓匀呈长条形，分切成数个剂子，将小剂子擀成薄片，取一张饼坯，盛入适量馅料，收齐边缘，折好，卷成卷，包紧，依此做完余下的饼坯。

4.煎锅注食用油，烧至四成热，放入煎坯，轻晃锅底，煎出焦香味，翻转生坯，用小火煎至两面熟透即可。

# 「韭菜鸡蛋灌饼」 烹饪时间：10分钟

## 原料 Material

韭菜 ------- 85 克
面粉 ------ 200 克
鸡蛋液 ----- 70 克

## 调料 Seasoning

盐 -----------4 克
五香粉 -------2 克
食用油----- 适量

## 做法 Make

1.面粉倒入碗中，分次加入热水，拌匀，揉搓成光滑面团。

2.擀成薄面皮，放入食用油、盐、五香粉、少许面粉，抹匀。

3.卷成长条状，再卷成团，压平，擀成薄面皮。

4.碗中放入切碎的韭菜，加入鸡蛋液，拌匀，备用。

5.面皮入油锅，待面皮上层鼓起时，用叉子在表面划开一道口子，灌入韭菜蛋液，将口子压平，翻面亦如此。

6.淋入食用油，续煎至能轻松滑动灌饼即可。

# 「鸡蛋卷饼」 烹饪时间：130分钟

看视频学面食

## 原料 Material

面粉 ------ 200 克
蛋液 ------- 70 克
生菜 ------- 110 克
辣椒酱 ----- 40 克

## 调料 Seasoning

盐 -----------2 克
食用油------ 适量

## 做法 Make

**1.**取 190 克面粉倒入碗中，剩余的面粉待用，碗中分次加入总量约为 100 毫升的 90℃的热水，稍微拌匀。

**2.**将稍稍拌匀的面粉倒在案台上进行揉搓，搓揉成纯滑的面团，饧发 2 小时，用擀面杖将饧发好的面团擀成厚度均匀的薄面皮，淋入少许食用油，对折面皮，将油涂抹均匀。

**3.**均匀撒上少许面粉，加入盐，对折面皮，稍稍压实边缘。

**4.**用油起锅，放入对折的面皮，用中小火煎约 1 分钟至两面微黄，摊开面皮，倒入蛋液，再对折盖上面皮。

**5.**续煎约 2 分钟至两面焦黄，关火后将鸡蛋饼放在案台上，摊开，放上辣椒酱。

**6.**在饼的一端再放入洗净的生菜，卷成鸡蛋卷饼，把鸡蛋卷饼切成 3 段即可。

# 「牛肉饼」 烹饪时间：45分钟

看视频学面食

## 原料 Material

牛肉末-----100克
面粉------ 200克
葱花--------少许
姜末--------少许

## 调料 Seasoning

盐 -----------1克
鸡粉---------1克
十三香-------2克
生抽------ 5毫升
料酒------ 5毫升
食用油------ 适量

## 做法 Make

**1.**大碗中倒入190克面粉，分次加入共约80毫升清水，稍稍拌匀，再将面粉搓揉成面团，饧发30分钟。

**2.**牛肉末中放入姜末、葱花，加入十三香、盐、鸡粉、生抽、料酒，拌匀，腌渍10分钟至入味。

**3.**取出饧发好的面团，撒上剩余面粉，稍稍压平成圆饼。

**4.**用擀面杖擀成薄面皮，放入腌好的牛肉末。

**5.**用面皮包起牛肉末，收紧开口，再用擀面杖擀平成牛肉饼生坯。

**6.**用油起锅，放入生坯，煎约1分钟至底部微黄。

**7.**翻面2～3次，续煎3分钟至两面焦黄。

**8.**关火后取出煎好的牛肉饼，稍稍放凉，十字刀切成4块即可。

# 「茴香羊肉馅饼」 烹饪时间：10分钟

## 原料 Material

面粉 ------ 300 克
羊肉 ------ 250 克
茴香 ------ 250 克
葱 ---------- 半棵
姜 ----------5 克
蒜 ----------2 瓣

## 调料 Seasoning

食用油------ 适量
盐 ---------- 适量

## 做法 Make

**1.**茴香洗净切末，羊肉切成末，姜切片，葱切末，蒜拍碎。

**2.**热锅注油烧热，倒入葱、姜、蒜，爆香。

**3.**倒入茴香、羊肉末，翻炒至熟，加盐炒至入味，盛出。

**4.**面粉分次加水揉成光滑面团，搓条下剂，擀成面饼。

**5.**在面饼中加入炒好的食材，包成包子状，按压成馅饼。

**6.**锅中注油，放入馅饼，烙至两面金黄即可。

# 「羊肉薄饼」 烹饪时间：10分钟

## 原料 Material

羊肉 ------ 300 克
面粉 ------ 200 克
洋葱 ------- 60 克

## 调料 Seasoning

食用油------ 适量
盐 ---------- 适量
老抽 -------- 适量
辣椒粉------ 适量
孜然粉------ 适量

## 做法 Make

1.羊肉洗净切成末，洋葱洗净，切碎。

2.热锅注油，放入洋葱爆香。

3.放入羊肉滑炒散开，加入老抽、辣椒粉、孜然粉、盐，拌炒均匀。

4.一部分面粉中依次加入清水，揉搓成光滑面团，搓条下剂，擀成薄饼。

5.另一部分面粉加水搅成面糊。

6.铺一张烙好的薄饼，加入一半羊肉，摊平，边缘刷一层面糊，盖上一张，摁紧。

7.煎锅热油，放入饼，两面煎至金黄即可。

# Chapter 6

# 香浓甜蜜的西式点心

刚出炉的西点令人心驰神往，散发着无与伦比的诱惑力。知心好友促膝小酌时，小巧的点心可以让气氛更加温馨；孩童放学归来时，甜点可以让辘辘饥肠得到安慰；对于老者，几块茶点散发出熟悉的味，则可以勾起无尽的回忆。

# 「夏威夷饼」 烹饪时间：45分钟

## 原料 Material

奶油 -------120 克

糖粉 -------100 克

蛋清 ------- 30 克

低筋面粉---170 克

杏仁粉----- 30 克

夏威夷果碎- 80 克

食盐 --------3 克

## 做法 Make

**1.**把奶油、糖粉、食盐混合拌匀。

**2.**分次加入蛋清，完全拌匀。

**3.**加入低筋面粉、杏仁粉，拌至无粉粒。

**4.**取出，在案台上搓成面团备用。

**5.**用擀面杖擀成厚薄均匀的面片。

**6.**在表面撒上夏威夷果碎再轻压擀一下。

**7.**用模具压出形状。

**8.**用铲刀铲起摆到铺有高温布的钢丝网上。

**9.**入炉，以140℃的炉温进行烘烤。

**10.**烤约 30 分钟，完全熟透，出炉，冷却。

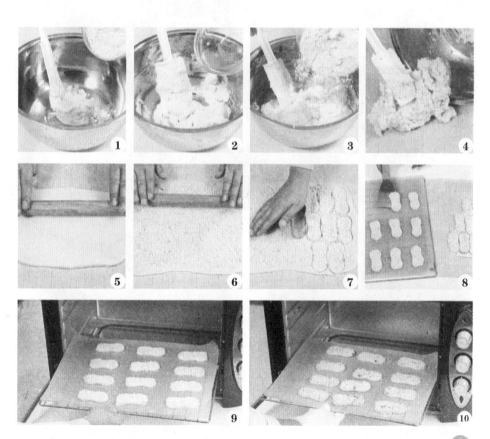

# 「马赛克」

烹饪时间：60分钟

## 原料 Material

奶油 ------- 110 克

糖粉 ------- 60 克

全蛋 ------- 70 克

低筋面粉 --- 150 克

绿茶粉 ------ 适量

可可粉 ------ 适量

## 做法 Make

**1.** 把奶油、糖粉倒在一起，先慢后快，打至奶白色。

**2.** 分次加入全蛋，搅拌均匀。加入低筋面粉，拌至无粉粒。

**3.** 取出放在案台上，加少许低筋面粉，折叠搓成长条状，分切成四等份。

**4.** 把其中两份分别加入绿茶粉、可可粉混合搓均匀。

**5.** 把四份不同的面团搓成粗细、长度相同的条，备用。

**6.** 将黑色与一条白色并排在一起，在夹缝的位置扫上清水并叠上绿色的面团条。

**7.** 依次扫上少许清水，放上另一条。

**8.** 借助刮片，把它们压平，压实成四方长条形，中间位置无缝隙。

**9.** 放入托盘内，入冰箱冷冻。

**10.** 把完全冻硬的面团取出，置于板上，切成厚薄均匀的饼坯备用。

**11.** 排入烤盘。入炉，以150℃的炉温烘烤。

**12.** 约烤25分钟，完全熟透，出炉，冷却即可。

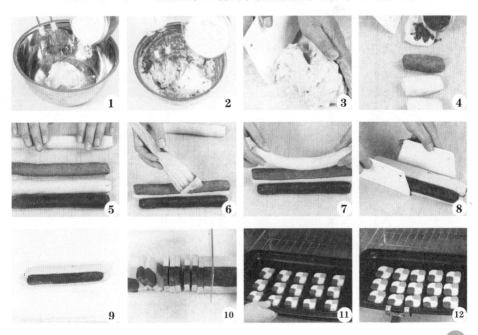

# 「可可薄饼」 烹饪时间：40分钟

## 原料 Material

奶油 ------- 95 克
蛋清 ------- 70 克
糖粉 ------- 20 克
低筋面粉---100 克
奶粉 ------- 60 克
可可粉------12 克
杏仁片------适量
食盐 ---------2 克

## 做法 Make

**1.** 把奶油、糖粉、食盐倒在一起，先慢后快，打至奶白色。

**2.** 分次加入蛋清拌匀至无液体状。

**3.** 加入低筋面粉、奶粉、可可粉拌匀、拌透。

**4.** 倒在铺了胶模、垫有高温布的表面。

**5.** 用抹刀填满模孔，厚薄均匀。

**6.** 取走胶模，在表面放上杏仁片装饰。

**7.** 入炉，以130℃的炉温烘烤。

**8.** 约烤20分钟，完全熟透，出炉，冷却即可。

# 「椰香脆饼」 烹饪时间：40分钟

### 原料 Material

全蛋 -------100克
砂糖 ------- 80克
低筋面粉--- 50克
奶粉 ------- 20克
椰蓉 ------- 70克
椰子香粉-----2克

### 做法 Make

1.把全蛋、砂糖倒在一起，中速打至砂糖完全溶化、泡沫状。
2.加入低筋面粉、奶粉、椰蓉、椰子香粉，完全拌匀。
3.倒入铺了胶模的高温布的表面。
4.用抹刀把模孔填满，厚薄均匀。
5.取走胶模，入炉，以130℃的炉温烘烤。
6.烤约20分钟，完全熟透，出炉，冷却即可。

# 「腰果巧克力饼」烹饪时间：40分钟

 原料 Material

奶油 ------- 125 克

糖粉 ------- 67 克

全蛋 ------- 67 克

低筋面粉 --- 100 克

可可粉 ------- 8 克

腰果仁 ------ 适量

做法 Make

1.把奶油、糖粉混合，拌匀至奶白色。

2.分次加入全蛋，拌透。

3.加入低筋面粉、可可粉，完全拌匀至无粉粒状。

4.装入套有牙嘴的裱花袋内，在烤盘内挤出形状，大小均匀。

5.表面放上腰果仁装饰。

6.入炉，以160℃的炉温烘烤，烤约25分钟，完全熟透，出炉，冷却即可。

# 「樱桃曲奇」 烹饪时间：45分钟

## 原料 Material

奶油 -------138 克
糖粉 -------100 克
全蛋 -------100 克
低筋面粉---150 克
高筋面粉---125 克
吉士粉------13 克
奶香粉-------1 克
红樱桃------适量
食盐 ---------2 克

## 做法 Make

**1.**把奶油、糖粉、食盐倒在一起，先慢后快打至奶白色备用。

**2.**分次加入全蛋拌匀。

**3.**加入吉士粉、奶香粉、低筋面粉、高筋面粉完全拌匀至无粉粒状。

**4.**装入带有花嘴的裱花袋，挤入烤盘内，大小均匀。

**5.**放上切成粒状的红樱桃。

**6.**入炉，以160℃烘烤，约烤25分钟，完全熟透，出炉，冷却即可。

# 「布隆森林蛋糕」 烹饪时间：60分钟

## 原料 Material

杏仁粉 ----- 38 克

糖粉 -------- 90 克

无盐奶油 ---105 克

蛋黄 ---------2 个

全蛋 ---------1 个

淡奶油 ------15 克

酒泡葡萄干- 53 克

低筋面粉 ---120 克

泡打粉 ----- 1.5 克

甜巧克力碎- 90 克

杏仁碎 ----- 83 克

蛋白 ------- 98 克

糖 --------- 34 克

## 做法 Make

**1.** 全蛋、蛋黄加杏仁粉和糖粉搅拌至发白浓稠。

**2.** 无盐奶油融化后加入淡奶油拌匀。

**3.** 在步骤 1 食料中加入酒泡葡萄干拌匀。

**4.** 将步骤 2 食料加入步骤 3 食料中拌匀。

**5.** 加入过筛的低筋面粉、泡打粉拌匀，再加入杏仁碎和甜巧克力碎拌匀。

**6.** 将蛋白和糖打发后加入步骤 5 食料中拌均匀。

**7.** 将步骤 6 食料倒入抹油的模具中八分满。

**8.** 放入烤炉内，以190℃烤45分钟出炉，冷却后切块装饰。

# 「虎纹皮蛋糕」

**烹饪时间：** 60分钟

## 原料 Material

**A：虎纹皮**

蛋黄 -------100 克
砂糖 ------- 46 克
食盐 -------1.6 克
低筋面粉----16 克
色拉油------10 克
柠檬果膏---- 适量

**B：蛋糕体**

清水 --------100 克
色拉油----- 85 克
低筋面粉---162 克
玉米淀粉--- 25 克
奶香粉-------2 克
蛋黄 -------125 克

蛋清 ------ 325 克
砂糖 -------188 克
塔塔粉-------4 克
食盐 ---------2 克
红蜜豆------ 适量

**做法 Make**

**1.** 蛋黄、砂糖、食盐倒在盆里，先中速打至砂糖溶化，再快速打至奶白色。

**2.** 加入低筋面粉拌匀，加入色拉油拌至光亮。

**3.** 倒入铺了白纸的烤盘中，抹平。

**4.** 入炉以200℃的炉温烘烤。

**5.** 烤约8分钟，出炉，放凉备用。

**6.** 把冷却的表皮放到铺有白纸的案台上，取掉附在表皮上的白纸。

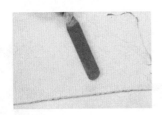

**7.** 放一块同表皮一样大小的蛋糕体，抹上柠檬果膏。

**8.** 取棍置于白纸底部。然后将纸慢慢卷起，将蛋糕卷成卷状。

**9.** 静置成型后，将纸卷打开，然后分切。

213

# 「黄金皮蛋糕」 烹饪时间：55分钟

## 原料 Material

**A：黄金皮**

纯蛋黄----- 83 克

全蛋 --------16 克

砂糖 --------13 克

低筋面粉----16 克

色拉油------10 克

香芋色香油 - 适量

柠檬果膏---- 适量

**B：蛋糕体**

清水 -------100 克

色拉油----- 85 克

低筋面粉---162 克

玉米淀粉--- 25 克

奶香粉-------2 克

蛋黄 -------125 克

蛋清 ------ 325 克

砂糖 -------188 克

塔塔粉-------4 克

食盐 --------2 克

红蜜豆------ 适量

## 做法 Make

**1.** 把纯蛋黄、全蛋、砂糖倒在一起，快速打至奶白色。

**2.** 加入低筋面粉搅拌至无粉粒状。

**3.** 加入色拉油完全拌匀。

**4.** 取少量拌好的面糊加入少许香芋色香油，搅拌均匀，装入裱花袋备用。

**5.** 把原色面糊倒入铺了纸的烤盘，抹至厚薄均匀。

**6.** 表面挤上调了色的面糊。

**7.** 用竹签划出花纹。

**8.** 入炉以180℃温度烤约8分钟至金黄色，完全熟透后出炉。

**9.** 把冷却的表皮放到铺有白纸的案台上，取走粘在上面的纸。

**10.** 表面抹上果膏，再放和表皮一样大的蛋糕体。

**11.** 再在糕体上抹上果膏，然后卷起。

**12.** 静置30分钟后，分切成小件即可。

# 「原味芝士蛋糕」 烹饪时间：80分钟

## 原料 Material

消化饼 ----- 100 克

牛油 ------- 50 克

乳酪 ------ 250 克

糖 --------- 80 克

淡奶油 ----- 50 克

全蛋 --------- 1 个

玉米粉 ------ 10 克

水果 -------- 适量

透明果胶 ---- 适量

## 做法 Make

**1.** 将消化饼擀碎，加入融化的牛油拌匀。

**2.** 将饼干屑倒入有油纸的模具中，压平，放入冰箱冷冻至凝固。

**3.** 将乳酪拌至软化。

**4.** 加入糖拌至糖融化。

**5.** 分次加入全蛋拌匀。

**6.** 分次加入淡奶油拌匀。

**7.** 加入玉米粉拌匀。

**8.** 将步骤 7 的混合物倒入步骤 2 的模具内至八分满。

**9.** 放入烤炉，隔水以 200℃烤上色，再以 140℃烤 60 分钟左右出炉。

**10.** 放入冰箱冻 2 小时后脱模，刷上透明果胶，摆放水果，插上纸牌即可。

# 「 樱桃慕斯蛋糕 」 烹饪时间：60分钟

### 原料 Material

蛋黄 ------- 23克
糖 --------- 23克
牛奶 ------- 68克
吉利丁 ------5克
樱桃馅 -----100克
打发淡奶油 -138克
樱桃酒 -------5克
樱桃 ------- 适量
巧克力棒 ---- 适量
巧克力旋条 - 适量
蛋糕体 -------1个

### 做法 Make

1.蛋黄、糖、牛奶放入锅中拌匀，隔热水搅拌煮至浓稠，离火备用。

2.将用冰水泡软的吉利丁片加入步骤1中拌至融化，再隔冰水降至35℃。

3.将步骤2食料分次加入打发的淡奶油中拌匀。

4.将樱桃酒加入步骤3食料中搅拌均匀。

5.将樱桃馅加入步骤4食料中搅拌均匀。

6.取6寸慕斯圈印一片海绵蛋糕体片备用。

7.慕斯圈底包上保鲜膜，放在托盘上，倒入步骤5的馅料，抹平。

8.放入海绵蛋糕体，再用保鲜膜封好，放入冰箱冷冻至凝固。

9.将冻好的慕斯表面抹上镜面果膏，再用火枪加热模具侧边，将模具脱出。

10.在慕斯蛋糕表面放上樱桃、巧克力棒、巧克力旋条，插上纸牌装饰即可。

# 「乳酪马芬蛋糕」 烹饪时间: 45分钟

**原料 Material**

无盐奶油--- 45克
糖粉 ------- 40克
全蛋 ---------2个
低筋面粉---100克
泡打粉----- 3.5克
奶油乳酪--- 50克
葡萄干----- 25克
苹果丁----- 25克

**做法 Make**

**1.**将无盐奶油和糖粉打发。

**2.**将全蛋分次加入步骤1食料中拌匀。

**3.**加入过筛的低筋面粉和泡打粉搅拌均匀。

**4.**将软化过的奶油乳酪加入步骤3食料中，拌匀。

**5.**加入葡萄干和苹果丁拌匀。

**6.**将步骤5食料加入抹了油的模具内至八分满。

**7.**将步骤6食料放入烤盘，以180℃烤35分钟左右。

**8.**将烤到膨胀熟透的蛋糕出炉冷却，然后脱模装饰即可。

# 「香蕉巧克力慕斯蛋糕」

**烹饪时间：** 75分钟

## 原料 Material

糖 ----------15克

蛋黄 ------- 25 克

牛奶 ------- 65 克

吉利丁 -------5 克

黑巧克力--- 75 克

打发淡奶油-150克

兰姆酒 -------5 克

香蕉 -------- 适量

水 ---------- 适量

## 做法 Make

**1.**香蕉切片，并用糖水煮过备用。

**2.**将蛋黄、糖、牛奶拌匀再隔热水煮至浓稠后，离火。

**3.**将切碎的巧克力加入步骤2食料中拌至融化。

**4.**再将用冰水泡软的吉利丁片加入步骤3食料中拌至融化，再隔冰水降至手温。

**5.**将步骤4食料分次加入打6成发的淡奶油中搅拌均匀。

**6.**再将兰姆酒加入步骤5食料中拌匀即可。

**7.**将蛋糕片放入封好保鲜膜的模具中，挤入步骤6的一半馅料。

**8.**将香蕉片放入馅料中间夹心，再挤上步骤6的剩余馅料抹平，冷冻备用。

**9.**将冻好的步骤8食料用火枪加热模具边缘脱模。

**10.**在蛋糕边缘和表面装饰巧克力和香蕉片即可。

# 「日风抹茶慕斯」 烹饪时间：90分钟

## 原料 Material

**A：香草慕斯**

牛奶 -------165 克

蛋黄 ---------6 个

糖 --------- 60 克

香草精 -------3 克

吉利丁 ------12 克

打发淡奶油- 270 克

红豆粒 ------ 适量

**B：抹茶慕斯馅**

牛奶 -------125 克

抹茶粉-------8 克

蛋黄 ---------3 个

糖 --------- 30 克

吉利丁 -------5 克

打发淡奶油 -125 克

**做法** Make

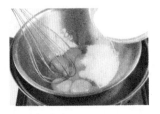

**1.** 蛋黄和糖拌匀，再加入牛奶拌匀，隔热水搅拌至浓稠备用。

**2.** 将泡软的吉利丁片加入步骤1食料中拌至融化，加入香草精拌匀降温备用。

**3.** 将步骤2分次加入打发淡奶油中拌匀，即可成香草慕斯馅。

**4.** 将步骤3的一半馅料倒入模具内抹平，放入冰箱冷冻凝固备用。

**5.** 将牛奶加热至80℃，加入抹茶粉拌匀，离火。

**6.** 将蛋黄、糖拌匀加入步骤5食料中，拌匀后隔热水煮至浓稠备用。

**7.** 将泡软的吉利丁片加入步骤6食料中拌均匀，再降温至36℃备用。

**8.** 将步骤7食料分次加入打发淡奶油中拌匀，即可成抹茶慕斯馅。

**9.** 将步骤8的馅料倒入步骤4的模具内，再撒上红豆粒,放放冰箱冻至凝固备用。

**10.** 将剩余的香草馅倒入步骤9的模具内，再撒上红豆粒。

**11.** 将抹茶蛋糕片放在步骤10的馅料上，封上保鲜膜，放入冰箱冷冻。

**12.** 将步骤11食料拿出，脱模装饰即可。

# 「燕麦面包」 烹饪时间：150分钟

## 原料 Material

高筋面粉-- 400 克     砂糖 ------- 45 克

燕麦片 -----100 克     乙基麦芽粉 --2 克

酵母 --------6 克     清水 ------ 300 克

改良剂 ------2 克     食盐 --------12 克

即溶吉士粉- 20 克     奶油 ------- 40 克

**做法** Make

**1.** 先把高筋面粉、酵母、改良剂、砂糖、即溶吉士粉、乙基麦芽粉慢速拌匀。

**2.** 加入清水慢速拌匀，转快速拌七八成扩展。

**3.** 加入奶油、食盐慢速拌匀，转快速。拌至面筋完全扩展。

**4.** 盖上保鲜膜，松弛 20 分钟，保持温度 30℃，湿度 75%。

**5.** 把松弛好的面团分成 70 克 / 个。

**6.** 面团滚光滑。放在烤盘上，盖上保鲜膜，松弛 20 分钟，保持温度 30℃，湿度 75%。

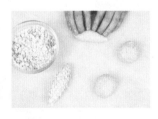

**7.** 把松弛好的面团压扁排气，卷成橄榄形。扫上清水，粘上燕麦片。

**8.** 放在烤盘上，排好放入发酵箱，醒发 90 分钟，保持温度 37℃，湿度 75%。

**9.** 醒发喷水，入炉烘烤 15 分钟，温度上火 200℃，下火 170℃烤至金黄即可。

# 「芝士可松面包」 烹饪时间：200分钟

## 原料 Material

高筋面粉-- 900 克　　全蛋 ------- 150 克　　沙拉酱 ------ 适量
低筋面粉 --- 100 克　　冰水 ------ 500 克　　香酥粒 ------ 适量
砂糖 ------- 90 克　　食盐 ------- 15 克
酵母 --------- 10 克　　奶油 ------ 85 克
改良剂 ------- 4 克　　片状酥油 -- 500 克
奶粉 ------- 85 克　　芝士条 ------ 适量

**做法** Make

**1.** 先将高筋面粉、低筋面粉、酵母、砂糖、改良剂和奶粉拌匀。

**2.** 加入全蛋和冰水慢速拌匀，快速拌2分钟。

**3.** 加入奶油和食盐慢速拌匀。快速拌至面团光滑。

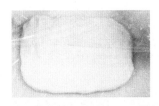

**4.** 把面团压扁成长形。用保鲜膜包好放入冰箱冷冻30分钟以上。

**5.** 稍微擀开擀长。放上500克片状酥油。

**6.** 把油包在里面，捏紧收口。擀开擀长。

**7.** 叠三折，用保鲜膜包好放入冰箱冷藏30分钟以上，如此操作3次即可。

**8.** 擀宽擀长，厚约7厘米，宽0.6厘米。

**9.** 用刀切开。排好进发酵箱醒发60分钟，温度35℃，湿度70%。

**10.** 把醒发好的面团都扫上全蛋液。

**11.** 然后放上芝士条，挤上沙拉酱。

**12.** 撒上香酥粒入炉烘烤，上火185℃，下火160℃，约16分钟。烤好即可。

# 「椰奶提子丹麦面包」

烹饪时间：240分钟

原料 Material

**A：面团**

砂糖 ------- 50 克

鲜奶 -------100 克

全蛋 ------- 80 克

清水 -------125 克

高筋面粉-- 425 克

低筋面粉--- 75 克

酵母 ------- 7.5 克

改良剂 -------1 克

食盐 ---------9 克

奶油 ------- 50 克

**B：椰奶提子馅**

奶油 ------- 80 克

砂糖 -------100 克

鲜奶 --------- 适量

奶粉 --------- 适量

椰子粉 ------ 适量

提子干 ------适量

**C：其他配料**

杏仁片 ------ 适量

片状酥油-- 250 克

**做法** Make

**1.** 将砂糖、奶油、鲜奶拌匀，再加入奶粉、椰子粉、提子干拌匀。

**2.** 将高筋面粉、低筋面粉、砂糖、鲜奶、全蛋、清水、酵母和改良剂拌匀。

**3.** 加入奶油和食盐慢速拌匀，快速搅拌至面团光滑。

**4.** 压扁成长方形，用保鲜膜包好，放入冰箱冷冻30分钟以上。

**5.** 擀开、擀长，放上250克片状酥油。

**6.** 将片状酥油包在里面，捏紧收口。

**7.** 擀开、擀长，叠3下，用保鲜膜包好放进冰箱冷藏30分钟，如此3次即可。

**8.** 擀开、擀薄至厚0.5厘米、宽10厘米、长12.5厘米。

**9.** 用刀切开，扫上全蛋液。

**10.** 放上椰奶提子馅，折起用刀切几下。

**11.** 排好进发酵箱醒发60分钟，温度35℃，湿度75%。

**12.** 扫上全蛋液，撒上杏仁片，入炉烘烤16分钟，上火185℃，下火160℃烤好。

# 「提子核桃吐司」

**烹饪时间：** 45分钟

## 原料 Material

高筋面粉-- 900 克

改良剂--------4 克

全蛋-------100 克

奶油--------100 克

大豆粉-----100 克

奶粉--------45 克

清水------550 克

提子干----300 克

酵母--------13 克

砂糖--------190 克

食盐--------10 克

核桃-------125 克

瓜子仁-----20 克

## 做法 Make

**1.**先将高筋面粉、大豆粉、酵母、改良剂、奶粉加砂糖拌匀。

**2.**加入全蛋和清水慢速拌匀，快速搅拌 2 分钟。

**3.**加入食盐和奶油慢速拌匀，再快速搅拌至面筋扩展开。

**4.**加入提子干和核桃慢速搅拌。

**5.**基本发酵 20 分钟，温度为 31℃，湿度为 80%。

**6.**发酵好的面团分割成 150 克 / 个。

**7.**滚圆面团。松弛 20 分钟。滚圆至表面光滑，放入模具中。

**8.**排好放入发酵箱，最后醒发 90 分钟，温度 36℃，湿度 75%。

**9.**醒发好的面团用刀划几刀，扫上全蛋液。

**10.**撒上瓜子仁，进炉烘烤约 25 分钟，上火 165℃，下火 195℃，烤至金黄色即可。

# 「火腿蛋三文治」 烹饪时间：360分钟

## 原料 Material

高筋面粉- 1500 克
低筋面粉-- 375 克
酵母 ------- 20 克
改良剂 ----- 6.5 克
砂糖 -------150 克
全蛋 -------150 克
鲜奶 ------ 200 克
清水 ------ 630 克
食盐 ------ 37.5 克
白奶油 ---- 230 克
火腿片 ------ 适量
沙拉酱 ------ 适量
煎番茄蛋 ---- 适量

## 做法 Make

1.将高筋面粉、低筋面粉、酵母、改良剂、砂糖慢速拌匀。

2.将全蛋、鲜奶、清水慢速拌匀后，转快速拌 2 分钟。

3.加入白奶油、食盐慢速拌匀，转快速拌至面团表面光滑。

4.松弛 20 分钟，再分割成 250 克 / 个的面团。

5.把面团滚圆，松弛 20 分钟。松弛好后再用擀面杖压扁擀长。

6.卷成形，放入模具，放入发酵箱，醒发 100 分钟，温度
35℃，湿度 75%。

7.将发酵好的面团盖上铁盖。入炉上火 180℃，下火 180℃
烤约 45 分钟。

8.烤好出炉，将三文治切片。分层挤上沙拉酱，放好煎番
茄蛋、火腿片等。切掉边角皮，对折切开。

9.挤上沙拉酱，入炉烘烤 15 分钟，烤好出炉即可。

# 「蔓越莓杏仁挞」  烹饪时间：65分钟

## 原料 Material

### A：挞皮

低筋面粉-- 250 克
无盐奶油---188 克
盐 -----------5 克
蛋黄 --------10 克
牛奶 ------- 50 克
糖 -----------5 克

### B：内馅

黄油 ------- 80 克
糖粉 ------- 70 克
全蛋 ------- 80 克
杏仁粉 ----- 80 克
蔓越莓碎----10 克
蔓越莓粒----10 克

## 做法 Make

1. 将无盐奶油、低筋面粉、盐和糖混合拌匀，并搓成细沙状。
2. 将蛋黄和牛奶拌匀，分次加入步骤1食料中拌匀搓成团。
3. 将步骤2食料用保鲜膜包住，入冰箱冻2小时后，擀成挞皮，用模具印出圆形片。
4. 将挞皮压入模具内，去掉多余的边皮，底部叉洞。
5. 将黄油搅软，加入糖粉拌匀，再加入全蛋搅匀。
6. 将杏仁粉加入步骤5食料中拌匀，再加入蔓越莓碎拌匀成内馅。
7. 将步骤6的馅料挤入步骤4的模具内，抹平。
8. 将蔓越莓粒放在步骤7的馅料上。
9. 步骤8食料放入190℃的烤炉内，烤35分钟左右出炉，冷却备用。
10. 将步骤9食料脱模，装饰即可。